과학철학

PHILOSOPHY OF SCIENCE: A Very Short Introduction, Second Edition

Second edition was originally published in English in 2016.
Korean translation rights arranged with Oxford University Press
through EYA.

첫 단 추 시 리 즈
015

과학철학

사미르 오카샤 지음
김미선 옮김

교유서가

차례

제 1 장

과학이란 무엇인가

과학이란 무엇인가? 이 질문에는 누구나 쉽게 답할 수 있을 것이다. 물리학, 화학, 생물학 같은 과목은 과학이 되지만 미술, 음악, 신학 같은 과목은 과학이 되지 않는다는 것쯤은 누구나 안다. 그러나 철학자로서 우리가 과학이란 무엇인가를 물을 때 원하는 종류의 답은 그런 게 아니다. 우리는 단지 평소에 '과학'이라 불리는 활동의 목록을 요구하는 게 아니라, 그 목록에 올라 있는 모든 것의 공통된 특징은 무엇인가, 즉 어떤 것을 과학으로 **만드는** 것은 무엇인가를 묻고 있다. 이렇게 이해한다면 우리의 질문은 그리 시답잖지 않다. 하지만 그래도 비교적 간단한 질문이라고 생각할 것이다. 분명 과학이란 우리가 살고 있는 세계를 이해하고, 설명하고, 예측하려는 시도일 뿐이잖아? 물론 타당한 답이다. 그러나 그게 이야기의 전부일까? 어쨌거나 다양한 종교도 세계를 이해하고 설명하려고 시도하지만, 종교는 대개 과학의 분과로 여겨지지 않는다. 마찬가지로 점성학과 점술도 미래를 예측하려는 시도이지만, 사람들은 이러한 활동을 과학이라 말하지 않을 것이다. 아니면 역사를 생각해보자. 역사가는 과거에 일어난 일을 이해하고 설명하려 하지만, 역사는 대개 인문 과목으로 분류되지 과학 과목으로 분류되지 않는다. 많은 철학적 질문이 그렇듯, '과학이란 무엇인가?'라는 질문도 짐짓 염두에 두고 있던 것보다는 까다롭다.

많은 사람이 과학의 특징은 과학자들이 세계를 연구하는 데 사용하는 특정한 방법들에 있다고 믿는다. 꽤 그럴듯한 의견이다. 많은 과학 분야가 비과학 사업에서는 사용하지 않는 독특한 탐구 방법들을 사용하기 때문이다. 명백한 일례로 과학자들은 실험을 하고, 이로써 현대 과학의 발전에 역사적으로 전환점을 남긴다. 물론 모든 과학이 실험을 하지는 않는다. 천문학자는 천체를 대상으로 실험할 수 없으므로 주의 깊게 관찰하는 데 만족해야 한다. 많은 사회과학의 경우에도 마찬가지이다. 또 한 가지 중요한 과학의 특징은 이론을 정립한다는 것이다. 과학자는 실험과 관찰의 결과를 그저 일지에 기록하고 마는 게 아니라, 일반 이론으로 그 결과를 설명하고 싶어한다. 언제나 쉬운 일은 아니지만 이런 방식은 얼마간 눈에 띄는 성공을 거둬왔다. 과학철학의 주요 과제 가운데 하나는 실험, 관찰, 이론 정립 같은 기법들이 어떻게 과학자들로 하여금 그토록 많은 자연의 비밀을 풀 수 있도록 해주었는가를 이해하는 것이다.

현대 과학의 기원

오늘날 대부분의 각급 학교와 대학에서는 과학을 비역사적인 방식으로 가르친다. 교과서에는 각 과학 분야의 주요 아이디어들이 최대한 간편한 형태로 제시될 뿐, 그 발견이 있기까지 장황하고 때로 우여곡절이 많았던 역사적 과정은 거의 언급되지 않는다. 이는 교수 전략 중 하나로서 충분히 이해가 간다. 하지만 과학 분야의 발상의 역사를 어느 정도 알면 과학철학자의 흥미를 끄는 쟁점들을 이해하는 데 도움이 된다. 제5장에서 보겠지만, 실은 과학사에 면밀한 주의를 기울이지 않고서 과학철학을 제대로 하기는 불가능하다고까지 논의되어 왔다.

현대 과학의 기원은 유럽에서 과학이 급격히 발전한 1500년경부터 1750년 사이, 우리가 지금은 과학혁명이라 일컫는 기간에 들어 있다. 물론 과학혁명은 하늘에서 뚝 떨어진 것이 아니며, 과학적 연구는 고대와 중세에도 추구했다. 이 시기 동안 우세했던 세계관은 고대 그리스의 철학자 아리스토텔레스에게서 유래한 아리스토텔레스주의였다. 아리스토텔레스는 물리학, 생물학, 천문학, 우주론에 속하는 자세한 이론들을 내놓았다. 그러나 그의 발상은 현대 과학자에게는 매우 이상하게 보일 테고, 그의 탐구 방법들도 마찬가지일 테다. 하나만 예를 들자면 그는 지구상의 모든 물체가 흙·불·공기·물, 이 네 가지 원소만으로 이루어져 있다고 믿었다. 이 견해는 현대 화학이 우리에게 말하는 것과 명백히 어긋난다.

현대의 과학적 세계관이 발전하는 과정에서 첫번째로 결정적이었던 단계는 코페르니쿠스 혁명이었다. 폴란드의 천문학자 니콜라우스 코페르니쿠스(1473~1543)가 1542년에 책을 출간해, 우주의 중심에 지구를 고정시키고 지구를 둘러싸는 궤도 안에 태양과 행성들을 배치하는 지구중심 우주 모형을 공격했다. 고대 그리스의 천문학자 프톨레마이오스의 이름을 따서 프톨레마이오스 천문학으로도 알려진 지구중심 천문학은 아리스토텔레스주의 세계관의 심장부에서 1800년 동안 거의 도전받지 않아온 터였다. 그러나 코페르니쿠스는 태양이 우주의 고정된 중심이며 지구를 포함한 행성들은 태양을 둘러싸는 궤도 안에 있다는 대안을 제시했다.(그림 1) 이 태양중심 모형에 따르면 지구는 여러 행성 가운데 하나에 불과한 것으로 여겨지고, 따라서 전통에 따른 독보적인 지위를 잃어버린다. 코페르니쿠스의 이론은 처음에는 거센 저항에 부딪혔다. 특히 가톨릭교회는 그의 이론이 성서에 위배된다고 여기고 1616년에 지동설을 옹호하는 책들을 금서로 지정했을 만큼 강하게 저항했다. 하지만 100년이 못 되어 코페르니쿠스주의는 과학적 정설로 확립되었다.

코페르니쿠스의 혁신은 천문학의 발전만 이끈 것이 아니었다. 간접적으로 요하네스 케플러(1571~1630)와 갈릴레오 갈릴레이(1564~1642)의 업적 같은 현대 물리학의 발전에도 영향을 끼쳤다. 케플러는 행성들이 코페르니쿠스의 생각처럼 태양 주위를 원 궤도 안에서 움직이는 게 아니라, 타원 모양으로 움직인다는 사실을 발견했다. 이것이 그가 발견한 행성 운동의 '제1법칙'이다. 제2법칙 및 제3법칙은 행성들이 태양 주위를 도는 속도를 명시한다. 케플러의 법칙은 성공적인 행성 이론을 제시한 동시에, 여러 세기 동안 천문학자들을 당황시켜온 문제들을 해결했다.

갈릴레이는 평생 동안 코페르니쿠스주의의 지지자였고 망원경의 초기 개척자 중 한 명이었다. 자신이 만든 망원경을 천체를 향해 겨누고 달 표면의 산들, 엄청나게 다양한 별들, 태양의 흑점들, 목성의 위성들을 포함해 수많은 경이를 발견했다. 이 모두가 아리스토텔레스주의 우주론과는 철저히 모순되

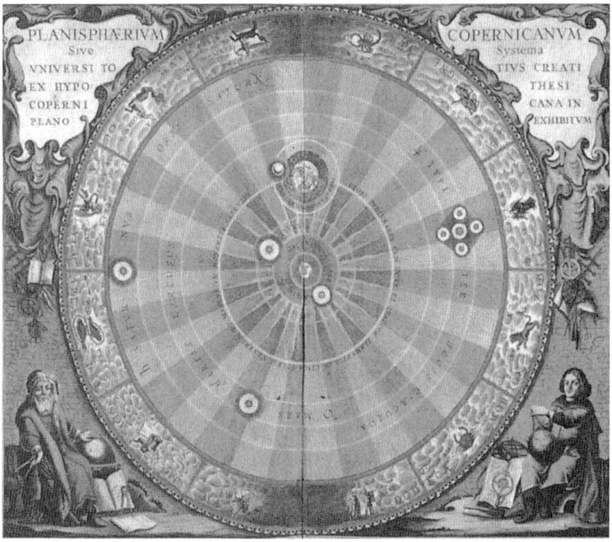

1. 지구를 포함한 행성들이 태양 주위를 돌고 있는 모습을 보여주는 코페르니쿠스의 태양중심 우주 모형.

었고, 과학자 공동체를 코페르니쿠스주의로 개종하는 데 중추적 역할을 했다.

그러나 갈릴레이가 가장 오래도록 기여하게 된 분야는 천문학이 아니라 역학이었다. 그는 무거운 물체가 가벼운 물체보다 빨리 떨어진다는 아리스토텔레스주의 역학 이론을 논박했다. 그는 자유낙하하는 모든 물체는 무게와 상관없이 같은 속도로 땅에 떨어진다는 반직관적인 의견을 내놓았다. (물론 실제로 깃털과 대포알을 같은 높이에서 떨어뜨리면 대포알이 먼저 땅에 닿겠지만, 이는 단지 공기 저항 때문이고 진공에서는 함께 땅에 닿을 거라는 게 갈릴레이의 논변이었다.) 나아가 자유낙하하는 물체는 균등하게 가속된다, 즉 같은 시간 동안 같은 정도로 속도가 붙는다는 논변을 내놓았고, 이는 갈릴레이의 자유낙하 법칙으로 알려졌다. 갈릴레이는 결정적이지는 않아도 설득력 있는 증거를 제시해 자신의 역학의 중심을 이루는 이 법칙을 뒷받침했다.

갈릴레이는 일반적으로 최초의 현대 물리학자로 받아들여진다. 그는 낙하하는 물체나 포물체 같은 물질적 대상의 행동을 수학의 언어로 묘사할 수 있음을 처음으로 보여준 사람이었다. 우리에게는 당연하게 들리는 말이다. 오늘날에는 물리학에서만이 아니라 생물학과 사회과학에서도 과학 이론은 관례처럼 수학의 언어로 표현되기 때문이다. 그러나 갈릴레이의 시대에는 당연하지 않았다. 수학은 순수하게 추상적인 실체를 다루는 학문, 그러므로 물리적 실재에 적용할 수 없는 학문으로 여겨졌다. 또 한 가지 혁신적인 측면은 갈릴레이가 가설을 실험으로 시험하는 일의 중요성을 강조한 데 있었다. 현대 과학자에게는 실험의 중요성 또한 당연하게 보일 것이다. 그러나 갈릴레이의 시대에는 일반적으로 실험은 지식을 얻기 위한 믿을 만한 수단으로 여겨지지 않았다. 갈릴레이가 실험을 강조한 때를 기점으로 자연 연구에 대한 경험적 접근이 시작되어 오늘날까지 계속되고 있는 것이다.

갈릴레이가 죽은 이후 과학혁명은 급격한 전환점을 맞았다. 프랑스의 철학자이자 과학자였던 르네 데카르트(1596~1650)가 급진적이고 새로운 '기계론'을 전개했다. 이에 따르면 물리적 세계는 상호작용하면서 서로 충돌하는 불활성 물질 입자들로 이루어져 있다. 데카르트는 이 입자 또는 '알갱이'의 운동을 지배하는 법칙들이 우주의 구조를 이해하는 열쇠라고 믿었다. 이 불활성 알갱이들의 운동 관점에서 관찰 가능한 모든 현상을 확실히 설명해줄 것 같았던 기계론은 곧 17세기 후반의 우세한 과학적 시각이 되었고, 어느 정도는 오늘날까지도 우리와 함께하고 있다. 하위헌스(Huygens), 가상디(Gassendi), 훅(Hooke), 보일(Boyle)과 같은 인물들이 다양한 형태의 기계론을 신봉했다. 기계론이 인정된 것은 아리스토텔레스주의 세계관이 마침내 몰락할 징조였다.

과학혁명은 아이작 뉴턴(1643~1727)의 업적에서 절정에 달했다. 그의 걸작인 『자연철학의 수학적 원리Mathematical Principles of Natural Philosophy』는 1676년에 출간되었다. 뉴턴은 우주가 그저 운동하는 입자들로 이루어져 있다는 기계론자들의 생각에 동의했으며, 데카르트의 이론을 뛰어넘는 결과를 원했다. 그 결과가 엄청난 위력을 지닌 동역학 및 역학 이론이다. 이 이론들은 그의 유명한 **만유인력**의 원리와 세 가지 운동 법칙을 기반으로 한다. 만유인력의 원리에 따르면 우주 안의 모든 물체는 다른 모든 물체에 중력끌림(gravitational attraction)을 가하며, 두 물체 사이에 작용하는 인력의 세기는 두 물체의 질량의 곱에 비례하고 두 물체 사이 거리의 제곱에 반비례한다. 그의 운동 법칙들은 그렇다면 이 중력이 물체의 운동에는 어떻게 영향을 미치는가를 명시한다. 뉴턴은 자신의 이론을 수학적으로 대단히 정밀하고 엄격하게 다듬으면서, 우리가 지금 '미적분'이라 부르는 수학 기법을 발명했다. 인상적이게도 뉴턴은 케플러의 행성 운동 법칙과 갈릴레이의 자유낙하 법칙이 (둘 다 모종의 사소한 수정을 거치면) 자신의 운동 법칙과 중력 법칙의 논리적 결과임을 보여줄 수 있었다. (그래서 단 한 벌의) 법칙으로 지상과 천상 둘 다에서 일어나는 물체의 운동을 설명할 수 있었고, 뉴턴은 이 법칙을 정밀한 정량적 형태로 표현해냈다.

뉴턴주의 물리학은 데카르트주의 물리학을 재빨리 교체하고서 그다음 2백여 년 동안 과학을 위한 틀을 제공했다. 이 시기에 과학적 자신감이 급속히 자라났는데, 대부분은 뉴턴 이론이 성공한 덕분이었다. 뉴턴 이론은 자연의 진정한 작동 방식을 드러냈다고, 적어도 원리상으로는 만물을 설명할 능력이 있다고 널리 믿어졌다. 뉴턴주의 설명 방식을 점점 더 많은 현상으로 연장하려는 구체적인 시도들이 이루어졌다. 18세기에도 19세기에도, 특히 화학, 광학, 열역학, 전자기학에서 주목할 만한 과학적 진전이 이루어졌다. 이러한 발전은 넓게 보면 대부분은 뉴턴주의에 입각해 우주를 이해하는 과정으로 여겨졌다. 과학자들은 뉴턴의 개념을 본질적으로 정확한 것으로 받아들였으므로, 남아 있는 일이라고는 세부 사항을 채우는 일이 전부였다.

뉴턴주의 그림에 대한 자신감은 20세기 초반에 물리학에서 새로이 일어난 상대성 이론과 양자역학이라는 두 차례의 혁명적 발전 덕분에 산산조각이 났다. 아인슈타인이 발견한 상대성 이론은 매우 무거운 물체나 매우 빠른 속도로 움직이는 물체에 뉴턴주의 역학이 적용될 때는 옳은 결과를 주지 않는다는 것을 보여준다. 반대로 양자역학은 뉴턴주의 이론이 매우 작은 단위에서 아원자 입자에 적용될 때는 효과가 없음을 보여준다. 상대성 이론도 양자역학도, 특히 후자는 생소하고 급진적인 이론이어서 많은 사람은 실재의 본성에 관한 이 상식에 위배되는 주장들을 받아들이기는커녕 이해하기조차 힘들어한다. 두 이론의 출현은 물리학에서 오늘날까지 계속되는 상당한 개념적 격변을 일으켰다.

지금까지 간략히 설명한 과학사는 주로 물리학에 초점을 맞추었다. 이는 결코 우연이 아니다. 물리학은 역사적으로 중요하며 동시에 어떤 의미에서는 가장 근본적인 과학 분야이다. 다른 과학이 연구하는 대상들 자체가 물리적 실체(physical entities)로 이루어져 있기 때문이다. 예컨대 식물학을 생각해보자. 식물학자는 식물을 연구한다. 식물은 세포로 구성되어 있고, 세포는 자체가 생체 분자로 구성되어 있고, 생체 분자는 궁극적으로 원자로 구성되어 있고, 원자는 물리적 입자이다. 그러므로 식물학은 물리학보다—덜 중요하다는 말이 아니라—덜 근본적인 실체를 다룬다. 이는 제3장에서 다룰 논점이다. 하지만 현대 과학의 기원을 아무리 간략히 서술한다 해도 물리가 아닌 과학을 언급하지 않고 모두 생략한다면 불완전한 서술이 될 것이다.

생물학에서 두드러지는 사건은 1859년에 찰스 다윈이 『종의 기원The Origin of Species』으로 발표한 자연선택에 의한 진화론의 발견이다. 그때까지는 창세기의 가르침대로, 서로 다른 종은 조물주가 따로따로 창조했다는 게 일반적인 믿음이었다. 하지만 현생종들은 실은 **자연선택**이라는 과정을 거쳐 조상종에서 진화했다는 게 다윈의 논변이었다. 자연선택은 어떤 유기체가 신체적 형질에 의지해 다른 유기체보다 자손을 많이 남길 때 일어난다. 이때 이러한 형질을 자손이 물려받고 시간이 갈수록 그 개체군이 점점 더 그 환경에 잘 적응하게 된다. 단순하지만 이 과정으로 수많은 세대가 지나면 한 종이 완전히 새로운 종으로 진화할 수 있다는 게 다윈의 논변이었다. 다윈이 자신의 이론을 입증하기 위해 제시한 증거가 너무도 설득력이 강했으므로, 신학계의 상당한 반대에도 불구하고 20세기가 시작될 무렵에는 다윈의 이론이 과학적 정설로 받아들여졌다. 뒤이은 작업으로 두드러지는 확증을 제시해온 다윈의 이론은 현대의 생물학적 세계관의 중심을 이룬다.

20세기에는 생물학에서 분자생물학과 유전학의 출현이라는 또 한 차례의 아직 완결되지 않은 혁명이 일어났다. 1953년 왓슨과 크릭이 생물의 세포 안에 있는 유전자를 구성하는 유전 물질인 DNA의 구조를 발견한 것이다.(그림 2) 왓슨과 크릭의 발견은 유전 정보가 어떻게 한 세포에서 다른 세포로 복제되고, 따라서 부모에게서 자식에게로 전해져 내려갈 수 있는지를 설명했고, 그럼으로써 왜 자식이 부모를 닮는 경향이 있는지도 설명했다. 이들의 발견은 생물학 연구에서 흥분되는 새로운 영역을 활짝 열었다. 분자생물학이라고 알려진 이 영역은 생물학적 현상들의 분자적 기초를 연구한다. 왓슨과 크릭의 업적 이후 60년 동안 분자생물학은 빠르게 성장해오면서 유전, 발생을 비롯해 핵심을 이루는 생물학적 과정들에 대한 우리의 이해도를 바꿔놓았다. 인간에게 들어 있는 유전자의 전체 집합을 분자 수준에서 묘사해 제공하기 위한 인간유전체프로젝트(Human Genome Project)로 알려진 10년에 걸친 시도가 2003년에 마침내 완결되었다. 21세기에도 이 분야에서는 흥미진진한 발전이 이어질 것이다.

지난 100년 사이에 유례없이 많은 자원이 과학 연구에 바쳐졌다. 그 결과가 컴퓨터과학, 인공지능, 신경과학 같은 새로운 과학 분야의 폭발이었다. 20세기 말에는 인간의 지각, 기억, 추리 같은 인지의 다양한 측면을 연구하는 인지과학이 부상해 전통 심리학을 탈바꿈시켰다. 인지과학의 추동력은 대체로 인간의 마음이 어느 면에서는 컴퓨터와 비슷하고, 따라서 인간의 심적 과정을 컴퓨터가 실행하는 작업과 비교함으로써 이해할 수 있다는 발상에서 나온다. 반면에, 신경과학 분야는 뇌 자체가 어떻게 작동하는지를 연구한다. 뇌를 스캔하는 기술이 발전한 덕분에 신경과학자들은 (동물과) 인간의 인지를 떠받치는 신경적 기초를 이해하기 시작하고 있다. 이 사업은 본질적으로 대단히 흥미롭기도 하지만, 정신장애의 치료법을

2. 제임스 왓슨과 프랜시스 크릭, 그리고 유명한 '이중나선', 즉 1953년에 두 사람이 발견한 DNA 구조의 분자 모형.

개선하는 결과를 낳을 수도 있을 것이다. 경제학, 인류학, 사회학과 같은 사회과학도 20세기 들어 번창했다. 비록 사회과학은 정교함과 엄정함 면에서 아직까지 자연과학에 뒤처진다고 믿는 사람들도 있지만 말이다. 이는 흥미로운 방법론적 의문을 불러일으킨다. 사회과학자들도 자연과학자들과 같은 방법을 쓰려고 노력해야 할까, 아니면 그들의 주제에는 다른 접근법이 필요할까? 이는 제7장에서 다룰 쟁점이다.

과학철학이란 무엇인가?

과학철학의 주요 과제는 여러 과학에 쓰이는 탐구 방법을 분석하는 것이다. 왜 이 과제가 과학자들이 아닌 철학자들에게 주어져야 하는지 궁금할지도 모르겠다. 좋은 질문이다. 한 가지 대답은 철학적 관점에서 과학을 바라보면 더 깊이 탐색할 수 있다—과학적 관행에 내포되어 있지만 과학자들이 드러내놓고 논의하지는 않는 가정들을 드러낼 수 있다—는 것이다. 예를 들어 과학 실험을 생각해보자. 어느 과학자가 실험을 해 특정한 결과를 얻는다고 하자. 실험을 두세 번 반복해도 계속해서 같은 결과를 얻는다. 그는 아마 실험을 멈출 것이다. 정확히 같은 조건에서 실험을 반복하면 계속해서 같은 결과를 얻으리라고 확신하기 때문이다. 이 가정은 명백해 보이겠지만, 우리는 철학자로서 의문을 던지고 싶다. 왜 앞으로 실험을 반복해도 같은 결과가 나오리라고 가정하는가? 정말로 그러리라는 것을 우리가 어떻게 아는가? 다소 특이한 이런 질문을 두고 머리를 썩이는 데 과학자가 지나치게 많은 시간을 들일 가능성은 별로 없다. 과학자에게는 더 나은 일거리가 있을 테니까. 이러한 질문은 철저히 철학적인 질문이다.

그러므로 과학철학이 하는 일의 일부는 과학자가 당연시하는 가정들에 의문을 던지는 일이다. 그렇다고 과학자들은 결코 철학적 쟁점을 논의하지 않는다는 암시를 풍기는 것은 잘못일 테다. 실은 역사적으로 많은 과학자가 과학철학의 발전에 중요한 역할을 해왔다. 데카르트, 뉴턴, 아인슈타인이 두드러지는 예이다. 저마다 과학은 어떻게 나아가야 할까, 과학은 어떤 탐구 방법을 써야 할까, 과학 지식에는 한계가 있을까 같은 질문에 관심을 가졌다. 이러한 질문은 아직도 현대 과학철학의 중심부에 있다. 그래서 과학철학자들의 흥미를 끄는 쟁점들은 위대한 과학자들의 주의를 끌어왔다. 이렇게 말했지만 오늘날 많은 과학자가 과학철학에 거의 무관심하고 거의 무지하다는 점은 인정해야 한다. 유감스럽게도 이는 철학적 쟁점들이 더이상 무의미하다는 징후가 아니라, 점점 더 전문화되어가는 과학의 본성 그리고 현대 교육 체계를 특징짓는 과학과 인문의 양극화에서 비롯된 결과이다.

과학철학이 그래서 정확히 무엇을 하자는 것인지는 아직도 궁금할 것이다. 과학철학은 '과학을 하는 방법들을 연구한다'는 대답이 썩 많은 말을 하는 것은 아니기 때문이다. 더 유익한 정의를 제시하려고 애쓰는 대신 과학철학의 고전적인 쟁점 하나를 살펴보기로 하자.

과학과 사이비과학

우리가 시작하면서 던진 질문을 떠올려보자. 과학이란 무엇인가? 20세기에 큰 영향을 끼친 과학철학자 카를 포퍼(Karl Popper)는 **반증이 가능**해야 한다는 게 과학 이론의 근본적 특징이라고 생각했다. 어떤 이론이 반증 가능하다는 말은 그 이론이 거짓이라는 뜻이 아니라, 그 이론이 경험적으로 시험할 수 있는 명확한 예측을 한다는 뜻이다. 이 예측이 잘못으로 드러나면 그 이론은 반증된 것, 다시 말해 틀렸음이 입증된 것이다. 그러므로 반증 가능한 이론이란 그 이론이 거짓임—가능한 모든 방향의 경험과 양립할 수 없음—을 알게 될지도 모르는 이론이다. 과학적이라고 여겨지는 어떤 이론들은 이 조건을 만족시키지 않으며, 따라서 과학이라 불릴 자격이 아예 없는 사이비과학일 뿐이라는 게 포퍼의 생각이었다.

프로이트의 정신분석 이론은 포퍼가 즐겨 드는 사이비과학의 일례였다. 포퍼에 따르면 프로이트의 이론은 어떠한 경험적 연구 결과와도 화해시킬 수 있었다. 환자가 어떤 행동을 하건 프로이트주의자는 자기네 이론의 관점에서 그에 대한 설명을 찾아낼 수 있었다. 자기네 이론이 틀렸다고는 결코 인정하지 않았을 것이라는 말이다. 포퍼는 다음과 같은 예를 들어 자신의 논지를 보여주었다. 죽일 작정으로 어린아이를 강에 밀어넣는 한 사람, 그리고 그 아이를 구하기 위해 자기 목숨을 희생하는 다른 사람을 상상해보자. 프로이트주의자는 두 사람의 행동을 똑같이 쉽게 설명할 수 있다. 이를테면 첫번째 사람은 억압되었으며 두번째 사람은 승화를 이뤄냈다고 설명할 수 있다. 억압, 승화, 무의식적 욕망 같은 개념을 사용하면 프로이트의 이론은 어떠한 임상 데이터와도 양립시킬 수 있으니 그 이론은 반증이 불가능하다는 게 포퍼의 논변이었다.

포퍼는 마르크스의 역사론도 마찬가지라고 우겼다. 마르크스는 전 세계의 산업 사회에서 자본주의가 사회주의, 결국은 공산주의에 굴복할 것이라고 주장했다. 하지만 이런 일이 일어나지 않았을 때 마르크스주의자들은 마르크스의 이론이 틀렸음을 인정하는 대신, 일어난 일이 왜 사실은 자기네 이론과 완벽하게 일치하는가를 뒷받침하는 임시변통의 설명을 지어내곤 했다. 예컨대 복지 상태가 향상되자 프롤레타리아가 '물러졌고' 혁명의 열의도 약해짐으로써 공산주의를 향한 필연적인 진보가 일시적으로 느려졌다고 말할 수도 있었다. 이런 식으로 마르크스의 이론도 프로이트의 이론과 마찬가지로, 가능한 어떤 방향의 사건과도 양립시킬 수 있었다. 그러므로 포퍼의 기준에 따르면 둘 가운데 어떤 이론도 진짜로 과학적인 이론의 자격을 얻지 못한다.

포퍼는 프로이트와 마르크스의 이론을 일반 상대성 이론으로 알려진 아인슈타인의 중력 이론과 대비시켰다. 프로이트나 마르크스의 이론과 달리, 아인슈타인의 이론은 멀리 있는 별에서 오는 빛이 태양의 중력장 곁에서 휠 거라는 매우 명확한 예측을 내놓았다. 평소에 이 효과를 관찰하는 것은 불가능하지만, 일식 기간은 예외였다. 1919년에 영국의 천체물리학자 아서 에딩턴(Arthur Eddington) 경이 아인슈타인의 예측을 시험한다는 목표를 가지고, 그해의 일식을 관찰하기 위한 원정대 두 팀을 조직해 한 팀은 브라질로, 다른 한 팀은 아프리카 서해안 앞바다에 있는 프린시페 섬으로 보냈다. 원정대는 별빛이 정말로 태양에 의해, 거의 정확히 아인슈타인이 예측한 만큼 휜다는 것을 알아냈다. 포퍼는 이 사건에서 매우 깊은 인상을 받았다. 아인슈타인의 이론은 명확하고 정밀한 예측을 내놓았고, 예측은 관찰로 확증되었다. 별빛이 태양에 의해 휘지 않는 것으로 드러났다면, 그 사실이 아인슈타인은 틀렸음을 보여주었을 테다. 그러니 아인슈타인의 이론은 반증 가능성이라는 기준을 만족시킨다.

과학을 사이비과학과 구별하려 한 포퍼의 시도는 직관적으로 상당히 그럴듯하다. 어떠한 경험적 데이터에도 들어맞는 이론에는 확실히 수상한 구석이 있다. 그러나 많은 철학자들은 포퍼의 기준이 지나치게 단순하다고 여긴다. 포퍼는 프로이트주의자와 마르크스주의자가 이론이 논박되었음을 인정하는 대신 자기네 이론과 모순되는 듯 보이는 모든 데이터를 설명해 치운다는 이유로 그들을 비판했다. 확실히 의심스러워 보일 만한 절차이다. 그러나 바로 이 절차를 포퍼도 사이비과학 종사자로 비난하고 싶지 않을 만큼 '존경할 만한' 과학자들이 일상적으로 사용한다는 증거들, 그리고 바로 그 절차를 거쳐 중요한 과학적 발견들에 도달해왔다는 증거들이 있다.

천문학 분야의 실례가 이를 보여준다. 앞에서 마주친 뉴턴의 중력 이론은 행성들이 태양 주위를 돌면서 따라야 하는 경로를 예측해 내놓았다. 이러한 예측은 관찰 결과 대부분 사실로 입증되었다. 그러나 천왕성의 궤도는 관찰 결과 일관되게 뉴턴의 이론으로 예측한 궤도와 달랐다. 1846년, 영국과 프랑스에서 서로 무관하게 일하던 두 과학자 애덤스(Adams)와 르베리에(Leverrier)가 이 수수께끼를 풀었다. 두 사람은 아직까지 발견되지 않은 다른 행성이 천왕성에 중력을 추가하고 있을 거라는 의견을 내놓았다. 애덤스와 르베리에는 천왕성이 이상하게 움직이는 게 정말 어느 행성의 인력이 가해지기 때문이라면, 그 행성이 가져야 할 질량과 위치까지 계산했다. 그리고 얼마 지나지 않아 애덤스와 르베리에가 예측한 곳과 거의 일치하는 곳에서 해왕성이 발견되었다.

이제 분명 애덤스와 르베리에의 행동을 '비과학적'이라고 비난하면 안 된다. 어쨌거나 그러한 행동의 결과로 새로운 행성이 발견되었으니 말이다. 그런데 그들은 포퍼가 마르크스주의자를 비판한 이유였던 행동과 정확히 같은 행동을 했다. 그들은 천왕성의 궤도에 관해 부정확한 예측을 내놓는 이론—뉴턴의 중력 이론—을 가지고 시작했다. 그리고 뉴턴의 이론이 잘못된 게 틀림없다는 결론을 내리는 대신 그 이론에 꼭 달라붙어 새로운 행성을 가정함으로써 모순되는 관찰 결과를 설명하려 했다. 마르크스주의자들도 자본주의가 공산주의에 굴복할 조짐을 보이지 않았을 때 마르크스의 이론이 잘못된 게 틀림없다는 결론을 내리는 대신 이론에 꼭 달라붙어 모순되는 관찰 결과를 다른 식으로 설명하려 했다. 그러니 애덤스와 르베리에의 업적은 범례가 되는 좋은 과학으로 인정하면서 마르크스주의자를 사이비과학에 종사한다고 비난한다면 명백하게 불공평하지 않은가?

이는 과학을 사이비과학과 구별하려던 포퍼의 시도가 처음에는 그럴듯했지만, 전적으로 옳을 수는 없음을 시사한다.

애덤스·르베리에의 예는 결코 이례적인 일이 아니기 때문이다. 일반적으로 과학자는 이론이 관찰 데이터와 모순될 때마다 이론을 그냥 내버리지 않는다. 대개는 이론을 포기하지 않고도 모순을 제거할 방법을 모색한다. 제5장을 보라. 그리고 사실상 모든 과학 이론이 얼마간 관찰 결과와 모순된다—모든 데이터와 완벽하게 들어맞는 이론을 발견하기는 지극히 어렵다—는 점을 기억해야 한다. 어떤 이론이 끈질기게 점점 더 많은 데이터와 모순되고 그 모순을 설명할 그럴듯한 방법도 발견되지 않는다면, 명백히 그 이론은 결국 퇴출되어야 할 것이다. 그러나 말썽의 첫번째 조짐이 보이자마자 과학자들이 이론을 간단히 내버린다면 진보는 이루어지기 힘들 것이다.

포퍼의 구별 기준이 먹히지 않은 결과로 중요한 질문이 두드러진다. 우리가 '과학'이라 부르는 모든 것들끼리만 공유하는 특징을 찾는 게 실제로 가능할까? 포퍼는 답을 '그렇다'로 가정했다. 프로이트와 마르크스의 이론은 분명히 비과학적이므로 두 이론에는 없고 진짜 과학 이론에는 있는 어떤 특징이 틀림없이 있다고 여겼다. 그러나 프로이트와 마르크스에 대한 포퍼의 부정적 평가를 우리가 받아들이느냐 마느냐를 떠나서 과학에 '본질적 성격'이 있다는 그의 가정은 의심스럽다. 어쨌거나 과학은 광범위한 여러 분야와 이론을 아우르는 활동이다. 그러한 분야와 이론은 과학이란 무엇인가를 규정하는 특징들로 이루어진 모종의 고정된 집합을 공유할 수도 있지만, 공유하지 않을 수도 있다. 철학자 루트비히 비트겐슈타인의 논변에 의하면 '게임'이란 무엇인가를 규정하는 특징들로 이루어진 고정된 집합이 있는 게 아니라, 느슨한 한 뭉치의 특징들이 있고 그 특징 가운데 대부분을 많은 게임이 지니고 있는 것이다. 하지만 어느 게임은 그 뭉치에 들어 있는 특징이 하나도 없는데도 여전히 게임일 수 있다. 과학도 마찬가지일 것이다. 그렇다면 과학과 사이비과학을 구별하기 위한 간단한 기준은 찾지 못할 가능성이 높다.

제 2 장

과학적 추론

과학자들은 우리에게 세계에 관해 과학자의 말이 아니라면 믿지 않았을 것들을 말해주곤 한다. 예컨대 생물학자는 우리에게 우리가 침팬지와 가까운 친척이라 말하고, 지질학자는 우리에게 아프리카와 남아메리카가 과거에는 합쳐져 있었다고 말하며, 우주학자는 우리에게 우주가 팽창하고 있다고 말한다. 과학자들은 그럴듯하게 들리지 않는 이러한 결론에 어떻게 도달했을까? 어쨌거나 한 종에서 다른 종으로 진화하는 모습이나, 단일한 대륙이 둘로 쪼개지는 모습이나, 우주가 커지고 있는 모습을 본 사람은 지금까지 아무도 없었는데 말이다. 물론 답은 과학자들이 **추리** 또는 **추론** 과정에 의해 이러한 믿음에 도달했다는 것이다. 이 과정에 관해 더 많이 안다면 좋을 것이다. 과학적 추론의 본질이란 정확히 무엇일까?

연역과 귀납

논리학자는 연역 추론과 귀납 추론, 또는 짧게 말해 연역과 귀납을 구분하는 것을 중요시한다. 연역 추론의 일례는 다음과 같다.

모든 프랑스인은 적포도주를 좋아한다.

피에르는 프랑스인이다.

그러므로 피에르는 적포도주를 좋아한다.

선 위의 두 진술은 추론의 전제, 선 아래의 진술은 결론이라 부른다. 이것이 연역 추론인 이유는 전제들이 참이면 결론도 참이어야 한다는 속성 때문이다. 다시 말해 모든 프랑스인은 적포도주를 좋아한다는 진술이 참이고 피에르는 프랑스인이라는 진술이 참이면, 당연히 피에르는 정말로 적포도주를 좋아한다. 때로는 이를 추론의 전제들이 결론을 함축한다는 말로 표현한다. 물론 이 추론의 전제는 확실히 참이 아니다. 적포도주를 좋아하지 않는 프랑스인도 틀림없이 있을 테니 말이다. 하지만 요점은 그것이 아니다. 이 추론을 연역으로 만드는 것은 전제들과 결론 사이의 적절한 관계, 즉 전제들이 참이면 결론도 참이어야 한다는 관계의 존재이다. 전제들이 실제로 참이냐 아니냐는 연역 추론이라는 추론의 지위에는 영향을 미치지 않는 다른 문제이다.

모든 추론이 연역 추론인 것은 아니다. 다음과 같은 예를 생각해보자.

상자 속의 다섯째까지의 달걀은 싱싱했다.
모든 달걀에 똑같은 유통기한이 찍혀 있다.

그러므로 여섯째 달걀도 싱싱할 것이다.

이는 완벽하게 합리적인 한 편의 추리처럼 보인다. 하지만 그럼에도 연역 추리는 아니다. 전제들이 결론을 함축하지 않기 때문이다. 설령 다섯째까지의 달걀은 싱싱했다 해도, 그리고 설사 모든 달걀에 똑같은 유통기한이 찍혀 있다 해도, 여섯째 달걀이 썩었을 경우도 얼마든지 상상할 수 있다. 다시 말해 전제들이 참인데도 결론은 거짓인 것이 논리적으로 가능하므로, 이 추론은 연역 추론이 아니다. 이러한 추론은 **귀납** 추론으로 알려져 있다. 전형적인 귀납 추론에서는 조사한 대상에 관한 전제에서 조사한 적 없는 같은 종류의 대상—이 예에서는 달걀—에 관한 결론으로 넘어간다.

연역 추론은 귀납 사촌보다 안전하다. 연역으로 추리할 때는 참인 전제에서 출발하면 참인 결론을 얻게 될 거라고 확신할 수 있다. 반면에 귀납 추리는 우리를 참인 전제에서 거짓 결론으로 얼마든지 데려갈 수 있다. 이런 결함이 있음에도 우리는 사는 내내, 흔히 의식조차 없이 귀납 추리에 의지한다. 예컨대 아침에 컴퓨터를 켤 때, 당신은 컴퓨터가 눈앞에서 폭발하지 않을 거라고 확신한다. 왜? 당신은 매일 아침 컴퓨터를 켰는데 지금까지 컴퓨터가 눈앞에서 폭발한 적은 한 번도 없었기 때문이다. 하지만 '지금까지, 내 컴퓨터는 켜는 순간 폭발한 적이 없었다'에서 '내 컴퓨터는 이번에 켤 때에도 폭발하지 않을 것이다'로 넘어가는 추론은 귀납 추론이지, 연역 추론이 아니다. 이 추론의 전제는 결론을 함축하지 않는다. 설령 전에는 그런 적이 전혀 없었다 해도, 이번에 컴퓨터가 폭발하는 일은 논리적으로 가능하다.

과학자들도 귀납 추리를 사용할까? 답은 '그렇다'인 것 같다. 다운증후군(줄여서 DS)으로 알려진 유전병을 생각해보자. 유전학자는 우리에게 DS를 가진 사람들은 21번 염색체가—보통 사람처럼 두 개가 있는 대신에—세 개가 복제되어 있다고 말한다. 이 사실을 유전학자는 어떻게 알까? 물론 답은

DS를 가진 사람 다수를 조사해서 저마다 21번 염색체가 하나 더 있음을 알아낸 다음 귀납적으로 추리해서, 조사한 적 없는 사람을 포함해 DS를 가진 사람 **모두**에게 염색체가 하나 더 있다는 결론에 도달했다는 것이다. 이 추론은 연역이 아니라 귀납이다. 가능성은 낮지만, 그 표본은 대표적인 표본이 아니었을 수도 있기 때문이다.

이 사례는 동떨어진 것이 아니다. 사실상 과학자들은 한정된 데이터에서 더 일반적인 결론으로 넘어갈 때마다 귀납 추리를 하며, 끊임없이 이런 일을 한다.

우리가 이야기하는 방식 탓에 과학에서 귀납이 차지하는 중심적 역할이 가려질 때도 있다. 예컨대 당신은 유전자 변형 옥수수를 먹어도 안전하다는 것을 과학자들이 '실험적으로 증명했다'는 신문 기사를 읽을지도 모른다. 이는 과학자들이 다수의 인간을 대상으로 옥수수를 시험했는데 아무도 해를 입지 않았다는 뜻이다. 하지만 엄밀히 말해서 이것이 그 옥수수가 안전함을, 이를테면 수학자들이 피타고라스의 정리를 증명할 수 있다는 의미에서 **증명**(prove)하지는 않는다. '그 옥수수는 시험 대상이었던 사람들 중 누구에게도 해를 입히지 않았다'에서 '그 옥수수는 아무에게도 해를 입히지 않을 것이다'로 넘어가는 추론은 귀납이지 연역이 아니기 때문이다. 신문 기사는 과학자들이 그 옥수수가 인간에게 안전하다는 훌륭한 증거(evidence)를 찾아냈다고 말했어야 한다. '증명'이라는 낱말은 엄격하게 연역 추론을 다룰 때에만 써야 한다. 이렇게 엄격한 의미로 보자면, 과학적 가설이 데이터에 의해 참으로 증명되는 일은 있을 수 있다 해도 매우 드물다.

철학자 대부분은 과학이 귀납에 막중하게 의지하는 게 당연하다고, 실은 너무나 당연해서 그에 관해서는 변론할 필요도 없다고 생각한다. 하지만 놀랍게도 우리가 앞 장에서 만난 철학자 카를 포퍼는 이를 부인했다. 포퍼는 과학자들이 오로지 연역 추론만 사용해야 한다고 주장했다. 그게 사실이면 좋겠다. 우리가 보았듯이 연역 추론이 귀납 추론보다 훨씬 더 안전하니 말이다.

포퍼의 기본 논변은 이랬다. 한정된 양의 데이터로 어느 과학 이론(또는 가설)이 참이라는 것은 결코 증명할 수 없지만, 그것이 거짓임을 증명할(그것을 논박할) 수는 있다. 어느 과학자가 모든 금속은 전기를 전도한다는 가설을 시험하고 있다고 하자. 설령 그가 조사하는 모든 금속이 실제로 전기를 전도한다고 해도, 우리가 앞서 보았던 이유들 때문에 이 사실이 그 가설이 참이라는 것을 증명하지 않는다. 하지만 그 과학자가 전기를 전도하지 않는 금속을 하나라도 찾아내면, 이는 그 이론을 결정적으로 논박한다. '이 금속은 전기를 전도하지 않는다'에서 '모든 금속이 전기를 전도한다는 말은 거짓이다'로 가는 추론은—전제가 결론을 함축하는—연역 추론이기 때문이다. 그러므로 어느 과학자가 자기 이론의 참됨을 확립하는 대신 그 이론을 논박하려 한다면, 그는 귀납을 사용하지 않고도 목적을 달성할 수 있을 것이다.

포퍼의 논변이 지닌 약점은 명백하다. 과학의 목표는 오로지 이론을 논박하는 게 아니라 또한 어떤 이론들이 참인지(또는 아마도 참일지)를 알아내는 것이기 때문이다. 어느 과학자가 실험 데이터를 수집할 때, 그의 목표는 특정 이론—아마도 숙적의 이론—이 거짓임을 보이는 것**일지도 모른다**. 하지만 그는 자신의 이론이 참이라는 것을 사람들에게 납득시키려고 데이터를 수집하고 있을 가능성이 훨씬 더 높다. 그리고 그렇게 하려면 모종의 귀납 추리에 의지해야 할 것이다. 그래서 과학은 귀납이 없어도 꾸려나갈 수 있다는 것을 보여주려는 포퍼의 시도는 성공하지 못한다.

흄의 문제

논리적으로 물샐틈없는 것은 아니지만, 귀납 추리는 세계에 관한 믿음을 형성하는 합리적인 방법처럼 보인다. 태양이 지금까지 날마다 떠올랐다는 사실이 내일도 태양이 떠오를 것이라고 믿을 훌륭한 이유를 주는 것은 틀림없지 않은가? 내일 태양이 떠오를지 어떨지는 전혀 알 수 없는 일이라고 공언하는 누군가와 마주친다면, 당신은 그가 이성을 잃은 게 아니면 정말로 매우 이상한 사람이라고 여길 것이다.

그러나 우리가 귀납에 부여하는 이 신뢰를 무엇으로 정당화할까? 귀납 추리를 거부하는 것은 잘못이라고 누군가를 설득하려면 어디서부터 시작해야 할까? 18세기 스코틀랜드 철학자 데이비드 흄(1711~1776)은 이 질문에 간단하지만 급진적인 답을 내놓았다. 그는 귀납을 사용하는 것은 이성적으로 결코 정당화될 수 없다고 주장했다. 흄은 우리가 일상생활과 과학에서 언제나 귀납을 사용한다는 것을 인정했지만, 이는 맹목적인 동물적 습관의 문제일 뿐이라고 단언했다. 귀납을 사용해야 마땅한 이유를 내놓으라고 대들면, 누구도 만족스러운 답을 줄 수 없다고 생각했다.

흄은 이 놀랄 만한 결론에 어떻게 도달했을까? 그는 우리가 귀납 추론을 할 때마다 전제하는 것을 '자연의 균일성(uniformity of nature)'이라 부르는 데에서 시작했다. 흄의 이 말이 무엇을 뜻하는지 알기 위해, 우리의 예들을 떠올려보자. 우리의 추론은 이렇게 진행되었다. '상자 속의 다섯째까지의 달걀은 싱싱했다'에서 '여섯째 달걀도 싱싱할 것이다'로, '조사한 DS 환자들에게 염색체가 한 개 더 있다'에서 '모든 DS 환자는 염색체가 한 개 더 있다'로, '내 컴퓨터는 지금까지 폭발한 적이 없었다'에서 '내 컴퓨터는 오늘도 폭발하지 않을 것이다'로. 이러한 사례 각각에서, 우리의 추리는 우리가 조사한 적 없는 대상들도 우리가 조사한 같은 종류의 대상과 여러 면에서 비슷하리라는 가정에 의지한다. 이 가정이 바로 자연의 균일성이라는 흄의 말이 뜻하는 바이다.

하지만 균일성 가정이 참이라는 것을 우리가 어떻게 알까? 그 가정이 참임을 우리가 어떻게 증명할 수 있을까? 아니, 그럴 수 없다고 흄은 말한다. 균일하기는커녕 날마다 제멋대로 바뀌는 우주를 쉽게 상상할 수 있기 때문이다. 그러한 세계 안에서는 때로는 컴퓨터가 아무 이유도 없이 폭발할지도 모르고, 때로는 물이 경고도 없이 우리를 중독시킬지도 모르고, 때로는 당구공이 충돌하는 순간 죽은 듯이 멈출지도 모른다. 그런 불균일한 세계를 상상할 수 있으므로, 당연히 우리는 균일성 가정이 참임을 증명할 수 없다. 증명할 수 있다면, 불균일한 우주는 논리상 불가능한 존재가 될 것이기 때문이다.

균일성 가정을 증명할 수는 없다 해도 그것의 참됨을 뒷받침하는 훌륭한 경험적 증거를 기대할지도 모른다. 어쨌거나 그 가정은 지금까지 언제나 지켜져왔으니, 그것이 그 가정은 참이라는 증거가 틀림없지 않은가? 그러나 흄은 말한다. 이 논증은 참이 아닐지도 모르는 것을 확실히 참인 것처럼 말하지 않는가! 자연이 지금까지 대체로 균일하게 행동해왔다는 것은 인정하지만 자연이 계속해서 균일할 것임을 논증하기 위해 이 사실에 호소할 수는 없다. 이는 과거에 일어난 일이 미래에 일어날 일에 대한 믿을 만한 지침이라고 가정하는데, 그것이 곧 자연의 균일성 가정이기 때문이다. 경험적 근거로 균일성 가정을 변론하려 하면, 결국 순환논법에 빠지게 된다.

귀납 추리를 신뢰하지 않는 누군가를 어떻게 설득할지 상상해보면 흄의 논점이 지닌 힘을 이해할 수 있다. 당신은 이렇게 말할 것이다. "보세요. 귀납 추리는 지금까지 아주 잘 작동해왔어요. 귀납을 사용해서 과학자들이 원자를 쪼개고, 달에 착륙하고, 레이저를 발명했잖아요. 반면에 귀납을 사용하지 않았던 사람들은 끔찍하게 죽곤 했어요. 비소가 자양분이 될 거라 믿고 비소를 먹고, 자기가 날 거라 믿고 높은 건물에서 뛰어내렸다고요. 그러니 귀납으로 추리하면 당신도 분명 보답을 받을 거예요." 그러나 이것으로는 의심하는 사람을 설득하지 못할 것이다. 지금까지 잘 작동해왔기 때문에 귀납은 믿을 만하다고 논변하는 게 귀납적으로 추리하는 것이기 때문이다. 그러한 논증은 이미 귀납을 신뢰하지 않는 누군가에게는 아무런 영향력도 없을 것이다. 이것이 흄의 기본 논점이다.

이 흥미로운 논증은 과학철학에 강력한 영향을 끼쳐왔다. (포퍼가 과학자는 오로지 연역만 사용해야 한다는 것을 보여주려 한 동기도 귀납을 정당화할 수 없음은 흄이 이미 보여주었다고 믿었기 때문이다.) 흄의 논증이 지닌 영향력을 이해하기는 어렵지 않다. 우리는 흔히 과학을 합리적 탐구의 전형적인 사례로 생각하기 때문이다. 우리는 과학자들이 세계에 관해 들려주는 말에 대단한 신뢰를 부여한다. 하지만 과학은 귀납에 의지하는데 흄의 논증은 귀납을 합리적으로 정당화할 수 없음을 보여주는 것 같다. 흄이 옳다면 과학이 세워지는 기초도 우리가 기대해왔던 만큼 탄탄해 보이지 않는다. 이 당혹스러운 사태는 **흄의 귀납 문제**로 알려져 있다.

철학자들은 흄의 문제에 말 그대로 수십 가지 방법으로 답변해왔고, 이는 오늘날까지도 활발한 연구 영역이다. 한 답변은 '귀납의 정당화'를 추구하거나 그것의 실패를 한탄해보아야 일관성만 잃게 된다는 것이다. 1950년대부터 옥스퍼드에서 활동한 철학자 피터 스트로슨(Peter Strawson)은 이 견해를 다음과 같은 비유로 변호했다. 특정한 행위가 합법인지 아닌지 걱정되는 사람이 있다면 그는 그 행위를 법전에 쓰인 말과 비교할 수 있을 것이다. 하지만 법 자체가 합법인지 아닌지를 걱정한다고 하자. 이는 정말로 기묘한 걱정이다. 법이란 다른 것들의 합법성을 판정하기 위한 대조 기준인데, 기준 자체가 합법이냐 아니냐를 묻는 것은 말도 안 되기 때문이다. 같은 논리가 귀납에도 적용된다는 게 스트로슨의 논변이다. 귀납이란 세계에 관한 주장들이 정당화되느냐 여부를 결정하기 위해 우리가 사용하는 기준 가운데 하나이다. 그러므로 귀납 자체가 정당화되느냐 여부를 묻는 것은 말도 안 된다.

스트로슨이 흄의 문제를 해소하는 데에 실제로 성공했을까? 어떤 철학자들은 그렇다고 하고, 다른 철학자들은 그렇지 않다고 한다. 하지만 만족스러울 만한 귀납의 정당화가 어떻게 가능한지 이해하기가 매우 어렵다는 점에는 대부분이 동의한다. (케임브리지의 유명한 철학자 프랭크 램지Frank Ramsey는 1919년에, 귀납의 정당화를 요구하는 것을 '달을 따달라고 우는 것'이라고 썼다.) 이것이 우리가 걱정해야 하는 것인지, 다시 말해 과학에 대한 우리의 신뢰를 뒤흔드는 것인지는 당신이 스스로 곰곰이 생각해보아야 하는 어려운 질문이다.

최선의 설명으로의 추론

지금까지 살펴본 귀납 추론은 모두 본질적으로 같은 구조였다. 각각의 사례에서 전제는 '조사한 모든 F는 G였다'라는 형태를 띠었고, 결론은 '다른 F들도 G일 것이다'라는 형태를 띠었다. 짧게 말해 이러한 추론은 우리를 주어진 종류의 조사한 사례에서 조사하지 않은 사례로 데려간다.

앞서 살펴보았듯이 이러한 추론은 일상생활에서도 과학에

서도 널리 사용된다. 그런데 이 단순한 양식에 들어맞지 않는 비연역 추론의 흔한 유형이 하나 더 있다. 다음과 같은 예를 생각해보자.

식품 저장실에 있던 치즈가 부스러기 몇 개만 남고 사라졌다.
어젯밤에 식품 저장실에서 긁는 소리가 들렸다.

그러므로 치즈는 생쥐가 먹은 것이다.

이 추론이 연역이 아니라는 것, 다시 말해 전제들이 결론을 함축하지 않는다는 것은 명백하다. 치즈는 가정부가 훔쳤는데, 그녀가 영리하게도 생쥐의 소행처럼 보이려고 부스러기 몇 개를 남겼을 수도 있기 때문이다. 그리고 긁는 소리는 보일러가 과열되어서 났을 수 있다. 그럼에도 불구하고 이 추론은 분명 타당한 추론이다. 생쥐가 치즈를 먹었다는 가설이 '가정부와 보일러' 가설보다 데이터에 대해 **더 나은 설명**을 제공하는 것 같기 때문이다. 어쨌거나 가정부도 보통은 치즈를 훔치지 않고, 요즘 보일러는 여간해서는 과열되지 않는다. 반면에 생쥐는 대개 기회만 있으면 치즈를 먹고, 긁는 소리를 내기는 낸다. 그러므로 생쥐 가설이 참이라는 것을 확신할 수는 없지만, 모든 정황을 감안할 때 그 편이 상당히 그럴듯해 보인다.

이런 종류의 추리는 '최선의 설명으로의 추론(inference to the best explanation)', 줄여서 IBE로 알려져 있다. IBE와 귀납 사이에는 용어상 혼란이 있다. 어떤 철학자들은 IBE를 귀납 추론의 한 유형으로 기술하고 '귀납 추론'을 사실상 '연역이 아닌 모든 추론'이라는 의미로 사용한다. 다른 철학자들은 우리가 방금 위에서 그랬듯이 IBE를 귀납과 대비시킨다. 이 구분 방식에 따르면 '귀납'은 주어진 종류의 조사 사례에서 조사하지 않은 사례로 가는 추론만을 가리키게 되고, IBE와 귀납은 두 가지 다른 유형의 비연역 추론이 된다. 어떤 용어 선택에 찬성하건, 그것을 일관적으로 고수하는 한 그에 따라 달라지는 것은 아무것도 없다.

과학자들은 IBE를 자주 사용한다. 다윈은 현재의 종들이 따로따로 창조되었다고 가정하면 설명하기 힘들지만, 그의 이론대로 공통 조상에서 유래했다면 완벽하게 이해가 가는 생물의 세계에 관한 다양한 사실을 환기시킴으로써 자신의 진화론을 변론했다. 예컨대 말의 다리와 얼룩말의 다리 사이에는 해부학적으로 흡사한 점들이 있다. 조물주가 말과 얼룩말을 따로따로 창조했다면 이를 어떻게 설명할까? 조물주라면 두 동물의 다리를 마음껏 다르게 만들 수 있었을 텐데 말이다. 그러나 말과 얼룩말이 공통 조상에서 유래했다면 두 동물의 해부학적 유사성이 명백히 설명된다. 이러한 사실을 설명하는 능력이 그의 이론의 참됨을 뒷받침하는 강력한 증거가 된다는 게 다윈의 논변이었다. "위에 명시한 몇 가지 커다란 종류의 사실들을 어떤 거짓 이론이 자연선택 이론만큼 만족스러운 방식으로 설명하리라는 것"을 그는 "상상하기도 힘들다"라고 썼다.

IBE의 또다른 예는 브라운 운동—액체나 기체 속에 떠다니는 미세한 입자들의 무질서한 지그재그 운동—에 관한 아인슈타인의 유명한 작업이다. 19세기에 브라운 운동을 설명하려는 몇몇 이론이 등장했다. 어떤 이론에서는 입자들끼리 전기적으로 끌리는 것을 운동의 원인으로 지목했고, 다른 이론에서는 외부 환경에 따라 휘저어지기 때문이라고, 또다른 이론에서는 유체 안에서 대류가 일어나기 때문이라고 주장했다. 정확한 설명은 물질의 운동론(kinetics)을 기초로 하는데, 이 이론에 따르면 액체와 기체는 운동하는 원자나 분자로 이루어져 있다. 그래서 떠다니는 입자들이 주위의 분자들과 충돌해 괴이하고 제멋대로인 움직임을 일으킨다. 이 이론은 19세기 말에 처음 제시되었지만 널리 인정되지는 않았다. 무엇보다도 많은 과학자가 원자와 분자를 실재하는 물리적 실체라고 믿지 않았기 때문이다. 하지만 1905년에 아인슈타인이 브라운 운동의 독창적인 수학적 처리법을 내놓으면서 몇 가지 예측을 했고, 예측은 나중에 실험을 통해 사실로 확인되었다. 아인슈타인의 작업 이후 운동론이 다른 설명들보다 브라운 운동을 더 잘 설명해준다는 합의가 이루어졌고, 원자와 분자의 존재에 관한 회의론은 급속히 가라앉았다.

IBE 이면의 기본 발상—가진 데이터에서 출발해 그 데이터를 설명하는 이론 또는 가설을 향해 추리하기—은 단순하다. 하지만 경쟁하는 가설들 가운데 어떤 것이 그 데이터에 대한 '최선의 설명'을 제공하는지를 우리가 어떻게 결정할까? 어떤 기준으로 이를 판정할까? 인기 있는 한 가지 답은 좋은 설명이란 간단하거나 경제적이어야 한다는 것이다. 식품 저장실 안의 치즈 사례를 다시 생각해보자. 설명이 필요한 두 가지 데이터가 있다. 사라진 치즈와 긁는 소리. 생쥐 가설은 원인을 하나—생쥐—만 가정하고도 두 데이터를 모두 설명한다. 그러나 가정부-보일러 가설은 같은 데이터를 설명하기 위해 원인을 둘—부정직한 가정부와 과열된 보일러—을 가정해야 한다. 그러므로 생쥐 가설이 더 경제적이고, 따라서 더 낫다. 다윈의 사례도 마찬가지이다. 다윈의 이론은 종들 사이의 해부학적 유사성뿐만 아니라 생물의 세계에 관한 다양한 범위의 사실들을 설명할 수 있었다. 이러한 사실 하나하나를 원리적으로는 다른 방식으로 설명할 수도 있지만 진화론은 그 모든 사실을 한꺼번에 설명했다. 바로 그 점 때문에 진화론이 데이터에 대한 최선의 설명이 된 것이다.

단순성 또는 경제성이 좋은 설명의 표시라는 발상은 꽤 호소력이 있고, IBE라는 개념에 살을 붙이는 데에도 확실히 도움이 된다. 하지만 과학자들이 단순성을 추론의 지침으로 사용하면 심각한 의문이 일어난다. 우주가 복잡하지 않고 단순하다고 생각할 이유가 있는가? 데이터를 설명하는 어느 이론을 원인의 수가 가장 적다는 이유로 선호하는 것은 합리적인 듯하다. 그러나 그러한 이론이 덜 단순한 이론보다 참일 가능성이 높다고 생각할 만한 객관적 근거가 있을까? 아니면 단순성이란 이론을 공식화하고 이해하기 쉽게 만드니까 과학자들이 가치를 두는 어떤 것일까? 과학철학자들은 이 어려운 질문에 대한 답에 동의하지 않는다.

인과적 추론

과학의 주요 목표는 자연 현상의 원인을 발견하는 것이다. 이 탐구는 흔히 성공을 거둔다. 예컨대 기후변화를 연구하는 과학자는 화석 연료의 연소가 지구온난화의 원인임을 알고, 화학자는 가열이 액체가 기체가 되는 원인임을 알고, 역학자(疫學者)는 MMR백신이 자폐증의 원인이 아님을 안다. (데이비드 흄이 논증해서 잘 알려져 있듯이) 인과관계는 직접 관찰할 수 없으므로, 이런 종류의 과학 지식은 추론의 결과일 수밖에 없다. 인과적 추론은 정확히 어떻게 작동할까?

특정 사건의 원인을 추론하는 경우와 일반적인 인과의 원리를 추론하는 경우를 구분하면 도움이 된다. 예를 들어 '운석 충돌이 공룡 멸종의 원인이었다'와 '흡연이 폐암의 원인이다'를 대비해보자. 전자는 특정한 역사적 사건의 원인에 관한 단칭 진술(singular statement)이고, 후자는 어떤 **종류**의 사건(폐암 발병)의 원인에 관한 보편 진술(general statement)이다. 두 경우 모두에서 추론 과정이 과학자로 하여금 문제의 진술을 믿게 했지만, 두 추론은 다소 다른 방식으로 작동한다. 여기서 우리는 두번째 종류의 추론, 곧 보편적 인과 원리에 집중한다.

어느 의학 연구자가 비만이 우울증의 원인이라는 가설을 시험하고 싶다고 하자. 어떻게 진행해야 할까? 자연스러운 첫 단계는 두 속성이 상관이 있는지 보는 것이다. 이를 평가하려면 비만인 사람들의 대규모 표본을 조사한 뒤 이 집단의 우울증 발병률이 일반 인구에서보다 높은지 보면 될 것이다. 비만인 사람들의 발병률이 더 높다면 그 표본에 대표성이 없다고 생각할 이유가 없는 한 (평범한 귀납에 의해) 비만과 우울증은 전체 인구에서도 상관이 있다고 추론하는 게 합당하다.

이러한 상관관계가 비만이 우울증의 원인임을 보여줄까? 반드시 그렇지는 않다. 과학 연구 초년생들은 상관관계는 인과관계를 함축하지 않는다고 배우고 또 배운다. 여기에는 타당한 이유가 있다. 상관관계에 다른 설명이 있을 수 있기 때문이다. 인과관계의 방향이 반대일 수도 있다. 다시 말해 우울증에 걸린 탓에 더 많이 먹어서 비만이 되는지도 모른다. 아니면 비만이 우울증에 미치는 인과적 영향력도 없고 우울증이 비만에 미치는 인과적 영향력도 없지만, 두 조건이 다른 공통 원인에 결합되어 생기는 결과인지도 모른다. 예컨대 저소득은 비만 확률을 높이는 동시에 별개의 인과적 경로를 거쳐 우울증 확률도 높일 것이다.(그림 3) 그렇다면 이 모집단에서 비만과 우울증에 상관관계가 있다고 예상된다. 상관관계 데이터가 인과관계로 항상 신뢰할 만하게 추론되지는 않는 주된 이유가 이 '공통 원인' 시나리오이다.

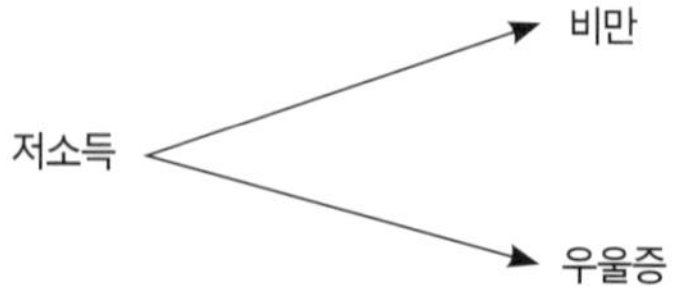

3. 저소득이 비만과 우울증 둘 다의 공통 원인이라는 가설을 표현한 인과 도식.

저소득이 비만과 우울증 둘 다의 원인이라는 가설을 어떻게 시험할 수 있을까? 명백하게 해야 하는 일은 **소득 수준이 똑같은** 개인들로 이루어진 표본을 찾은 뒤 그 표본 안에서 비만과 우울증이 상관이 있는지 조사하는 것이다. 소득 수준이 같은 몇몇 다른 표본에서도 이를 실행한 뒤 각각의 표본 안에서 비만과 우울증의 상관관계가 사라지는 것을 알게 된다면, 이는 공통 원인 가설에 유리한 강력한 증거이다. 소득을 감안하면 비만은 더이상 우울증과 연관되지 않음을 보여주기 때문이다. 반대로 소득 수준이 같은 개인들 사이에도 비만-우울증 상관관계가 강하게 존재한다면, 이는 공통 원인 가설에 불리한 증거이다. 이 절차는 통계 용어로 소득이라는 변수의 '통제'라고 알려져 있다.

여기서 바탕이 되는 논리는 현대 과학의 대들보인 대조 실험의 논리와 비슷하다. 어느 곤충학자가 애벌레를 고온에서 기른 성충은 크기가 작다는 가설을 시험하고 싶다고 하자. 이를 위해 곤충학자는 수많은 애벌레를 구한 뒤 일부는 서늘한 온도에서, 일부는 따뜻한 온도에서 기른 다음 다 자란 벌레의 크기를 잰다. 이것이 인과 가설의 효과적인 시험이 되려면, 두 집단 사이에 온도를 제외한 모든 요인을 가능한 한 동일하게 유지하는 게 중요하다. 예컨대 애벌레는 모두 같은 종, 같은 성별에서 뽑아 같은 먹이를 먹여야 한다. 그러므로 곤충학자는 실험을 주의 깊게 설계해서 성충의 몸집에 영향을 줄 수도 있는 모든 변수를 통제해야 한다. 그런 다음에야 두 성충 집단의 몸집에 차이가 생긴 원인을 온도 차이로 안전하게 돌릴 수 있다.

대조 실험은 과학에서 인과적 추론을 하는 유일하게 믿을 만한 방법이라고 주장되기도 한다. 이 견해를 옹호하는 이들은 어떤 실험도 없이 오로지 관찰만으로 얻은 데이터는 우리에게 인과관계의 지식을 줄 수 없다고 논변한다. 그러나 이는 논쟁의 여지가 있는 명제이다. 대조 실험이 자연의 비밀을 탐색하는 좋은 방법임은 확실하지만, 통계적 통제 기법으로도 흡사한 결과를 흔하게 얻어낼 수 있기 때문이다. 얼마 전부터 통계학자와 컴퓨터과학자가 관찰 데이터를 바탕으로 인과적 추론을 하는 강력한 기법들을 개발해왔다. 실험 데이터와 관찰 데이터 사이에 데이터에서 이끌어낼 수 있는 인과적 추론의 신뢰도 면에서, 방법론상 근본적 차이가 있느냐는 끊임없이 논쟁이 되는 문제이다.

현대 생의학에서는 특정한 종류의 대조 실험이 특히 부각되곤 한다. 1930년대에 피셔(R. A. Fisher)가 처음 고안한 **무작위 대조 시험**(randomized controlled trial, RCT)으로, 신약의 효능을 시험하는 데 흔히 사용된다. 전형적인 RCT에서는 특정한 의학적 증세, 예컨대 심각한 편두통이 있는 환자들을 두 집단으로 나눈다. 치료군에 속하는 환자에게는 약을 주고, 대조군에 속하는 환자에게는 주지 않는다. 그런 뒤에 연구자는 관심 있는 결과, 예컨대 편두통 증상이 해소되었느냐에 따라 두 집단을 비교한다. 치료군에 속하는 환자가 대조군보다 유의미하게 나아졌다면, 이는 약효가 있다는 증거로 추정된다. RCT의 주요 특징은 처음에 환자를 두 집단으로 나눌 때 **무작위로** 해야 한다는 것이다. 이것이 인과적 추론의 타당성을 떠받치는 필요조건이라는 게 피셔와 그를 추종하는 현대인들의 논변이다.

무작위 추출이 왜 그토록 중요할까? 관심을 가지는 결과에 교란 요인이 끼치는 효과를 제거하는 데 도움이 되기 때문이다. 결과는 나이, 식습관, 운동 같은 많은 요인에 영향을 받기 마련이다. 이러한 요인을 모두 알지 않는 한 연구자는 그것을 명백하게 통제할 수 없다. 그러나 환자를 치료군과 대조군에 무작위로 할당함으로써 이 문제를 대부분 피해 갈 수 있다. 약이 아닌 다른 요인이 실제로 결과에 영향을 미친다 해도, 무작위 추출은 어떤 요인이건 치료군과 대조군 가운데 한쪽에서만 지나치게 표현되지 않도록 확실히 해준다. 그러므로 치료군과 대조군의 결과에 유의미한 차이가 있다면, 이 차이는 약 때문일 가능성이 매우 높다. 이것이 그 약에 인과적으로 책임이 있음을 엄밀하게 **증명**하지 않는다는 점은 말할 것도 없지만, 탄탄한 증거가 된다는 것만은 분명하다.

의학에서는 흔히 RCT가 인과성을 평가하기 위한 '황금 표준'으로 여겨진다. 실제로 '증거기반의학(evidence-based medicine)'으로 알려진 운동을 옹호하는 이들은 **오직** RCT만이 우리에게 특정 치료법이 인과적으로 효과가 있는지를 알려줄 수 있다고 주장한다. 그러나 이 입장은 분명 지나치게 강경하다. (그리고 '증거'라는 단어를 끌어다 RCT만 가리키도록 사용하는 데는 오해의 소지가 있다.) 많은 과학 영역에서 RCT는 실용적 이유로든 윤리적 이유로든 가용성이 없어서 인과적 추론이 일상적으로 이루어진다. 게다가 우리는 일상생활에서 알고 있는 많은 인과적 지식을 RCT 없이 얻었다. 손을 불에 집어넣으면 끔찍한 고통을 느끼게 된다는 것쯤은 어린아이도 알고, 이 지식을 확립하는 데 어떠한 무작위 시험도 필요치 않다. RCT는 분명 중요하고 실행할 수 있을 때는 해야겠지만, 그것이 인과성을 발견하는 유일한 길이라는 말은 사실이 아니다.

확률과 과학적 추론

귀납 추리가 확실성을 줄 수 없다면, 확률 개념이 확실성의 작동 방식을 이해하는 데 도움이 되리라 기대하는 게 인지상정이다. 과학자의 증거가 가설이 참임을 증명하지는 않는다 해도, 가설의 개연성을 높여줄 수 있는 것만은 틀림없지 않은가? 이 발상을 살펴보기 전에 확률의 개념 자체에 잠시 주의를 기울일 필요가 있다.

확률은 객관적인 모습을 띨 때도 있고 주관적인 모습을 띨 때도 있다. 객관적인 모습을 띤 확률은 어떤 상황이 세상에서 얼마나 자주 일어나는가, 일어나는 경향이 있는가를 가리킨다. 예컨대 영국 여성이 90세까지 살 확률이 10 대 1이라는 말을 들으면, 당신은 이를 모든 영국 여성의 10분의 1이 그 나이에 도달한다는 말로 이해할 것이다. 마찬가지로 '동전의 앞면이 나올 확률은 절반'이라는 진술을 자연스럽게 해석하면, 동전을 한참 동안 연달아 던지면 앞면이 나오는 비율이 절반에 가까워지리라는 뜻이다. 이렇게 이해한다면 확률에 관한 진술은 누가 무엇을 믿건 객관적으로 참 또는 거짓이다.

주관적인 모습을 띤 확률은 합리적인 믿음의 정도를 가리키는 척도이다. 과학자가 당신에게 화성에서 생명체를 발견할 확률은 지극히 낮다고 말했다 하자. 이것이 모든 천체 가운데 지극히 작은 부분에서만 생명체가 발견된다는 뜻일까? 분명 그렇지 않다. 무엇보다 천체가 얼마나 많이 존재하는지는 아무도 모르고, 그 가운데 얼마나 많은 천체가 생명체를 품고 있는지도 마찬가지이다. 그러므로 여기서는 다른 확률 관념이 작동한다. 지금 화성에는 생명체가 있거나 없거나 둘 중 하나이다. 이 맥락에서 확률에 대한 이야기는 그 세계의 객관적 특징 자체를 묘사하는 것이 아니라, 그 세계의 상태에 대한 우리의 무지를 반영하는 것이 틀림없다. 그러므로 이 과학자의 진술은 모든 증거에 비추어 화성에 생명체가 있다는 가설에 가지는 합리적 믿음의 정도가 매우 낮다는 의미로 받아들이는 편이 자연스럽다.

증거가 주어졌을 때 어느 과학적 가설에 가지는 합리적 믿음의 정도를 확률의 한 유형으로 볼 수 있다는 발상은 과학적 추론이 어떻게 작동하는가를 있는 그대로 보여준다. 어느 과학자가 H라는 특정한 가설을 고찰하고 있다고 하자. 지금까지의 증거에 비추어 과학자는 H가설을 특정한 정도로 신뢰한다. 이를 0과 1 사이의 숫자인 P(H)로 표시한다. (P(H)의 다른 이름은 그 과학자의 H에 대한 '신뢰도credence'이다.) 이때 실험이나 관찰 결과로 새로운 증거가 밝혀진다. 이 새로운 증거에 비추어 과학자는 H에 대한 신뢰도를 Pnew(H)로 갱신한다. 만일 새로운 증거가 이론을 뒷받침하면 Pnew(H)는 P(H)보다 커질 것이다. 다시 말해서 과학자는 H가 참임을 더 확신하게 된다.

소소한 예를 들면 이를 구체화하는 데 도움이 될 것이다. 카드 한 벌을 잘 섞은 뒤 한 장을 뽑아 보이지 않게 숨겼다고 하자. 그 카드는 하트 퀸이라는 가설을 H라고 하자. P(H)의 값, 곧 당신이 처음에 H에 가지는 합리적인 신뢰도는 얼마일까? 1/52일 테다. 카드 한 벌은 52장이고 그중 한 장이 선택될 가능성이 모두 똑같기 때문이다. 이때, 뽑은 카드가 분명 하트라는 것을 당신이 알게 되었다고 하자. 이 정보를 e라고 부르자. e에 비춰본 Pnew(H)의 값, 곧 새로운 증거를 얻은 뒤 H에 당신이 갱신한 신뢰도는 얼마일까? 분명 Pnew(H)는 1/13이어야 한다. 카드 한 벌에 하트는 13장이 있고 숨겨진 카드가 그중 한 장임을 당신이 알기 때문이다. 이렇게 해서 e를 알게 된 것이 H에 대한 당신의 신뢰도를 1/52에서 1/13으로 높여놓았다.

이 모두가 상당히 명백하다. 그렇다면 새로운 정보에 비추어 신뢰도를 갱신하는 보편적 규칙은 무엇일까? 그 답을 '조건화'라고 부른다. 이 규칙을 이해하려면 조건부 확률이라는 개념이 필요하다. 카드의 사례에서 P(H)는 가설 H에 대한 초기 신뢰도이다. e가 참이라는 가정이 조건으로 붙었을 때 H에 대한 초기 신뢰도는 P(H/e)로 표시한다. (그리고 'e가 주어졌을 때 H의 확률'이라고 읽는다.) P(H/e)의 값은 얼마일까? 답은 1/13이다. e가 참이라는 가정, 곧 뽑힌 카드가 하트라는 가정에 따르면 가설 H에 대한 신뢰도는 1/13이기 때문이다. 조건화 규칙에 따르면, e가 실제로 참임을 알게 된 순간 H에 대한 새로운 신뢰도 Pnew(H)는 e라는 조건이 붙었을 때 H에 대한 초기 신뢰도와 같도록 맞춰져야 한다.

조건화 규칙

증거 e를 알게 된 순간, Pnew(H)는 P(H/e)와 같아야 한다.

조건화 규칙을 더 잘 이해하기 위해 조건부 확률 P(H/e)는 정의에 의해 P(H와 e)/P(e)와 같다는 것에 유의하자. 카드 사례에서, P(H와 e)는 H와 e가 둘 다 참이라는 것에 대한 당신의 초기 신뢰도를 표시한다. 하지만 이 경우 H는 논리적으로 e를 함축하므로—카드가 하트 퀸이면 그 카드는 하트여야 하니까—당연히 P(H와 e)는 단순히 P(H), 즉 1/52과 같다. P(e)는 어떨까? 이는 선택된 카드가 하트라는 것에 대한 당신의 초기 신뢰도이다. 카드 한 벌 가운데 정확히 4분의 1이 하트이고 당신은 그 모든 카드가 선택된 카드일 가능성이 동등하다고 여기므로, 당연히 P(e)는 1/4이다. P(H/e)의 정의를 적용하면, 이는 우리에게 P(H/e)는 1/52 나누기 1/4과 같고, 이는 1/13—우리가 앞서 계산한 것과 같은 답—임을 말해준다.

조건화 규칙이 복잡하게 들리겠지만 많은 논리 규칙과 마찬가지로 우리는 아무 생각 없이 이 규칙을 따르곤 한다. 카드 사례에서 e를 알게 되면 H에 대한 합리적 신뢰도를 1/52에서 1/13으로 높여야 한다는 것은 직관적으로 명백하다. 사람들 대부분이 실제로 이렇게 할 것이다. 조건화 규칙이 금시초문이라고 해도 이렇게 하면서 암암리에 이 규칙을 따르고 있다. 조건화 규칙은 암암리에 사용될 뿐만 아니라 흔히 과학자들에 의해, 예컨대 모종의 통계적 추리 과정에서 노골적으로 사용되기도 한다. 베이즈주의 통계학으로 알려진 통계학 분과는 조건화에 의한 갱신을 광범위하게 사용한다. ('베이즈주의Bayesian'라는 이름은 조건화 규칙을 발견한 확률론의 선구자, 17세기 영국의 목사 토머스 베이즈Thomas Bayes를 가리킨다.)

어떤 과학철학자들은 조건화에 의한 갱신을 과학적 추론의 보편적 모형으로 삼아 확률적인 추론이 아닌 것에까지 적용하고 싶어한다. 모든 합리적인 과학자는 자신의 이론이나 가설에 초기 신뢰도를 가지고 있다가, 새로운 증거가 나타나면 조건화 규칙에 따라 신뢰도를 갱신할 수 있다는 발상이다. 어느 과학자가 의식하는 추리 과정이 이와 전혀 비슷해 보이지 않는다 해도, 베이즈주의 철학자들에 따르면 이는 유용한 이상화이다.

이 '베이즈주의' 과학철학의 견해는 꽤 매력적이다. 과학적 방법의 일정한 측면에 해결의 실마리를 주기 때문이다. 어느 과학 이론이 시험 가능한 예측을 하고 그 예측이 사실로 드러나면, 이는 대개 그 이론에 유리한 증거로 여겨진다는 사실을 생각해보자. 제1장에서 우리가 예로 든 아인슈타인의 일반상대성 이론은 별빛이 태양의 중력장에 의해 휠 것이라고 예측했고, 이 예측이 확증된 순간 아인슈타인의 이론에 대한 과학자들의 신뢰가 증가했다. 하지만 배제할 수 없는 다른 설명들이 언제나 있을 수 있다고 가정한다면, 왜 성공한 예측이 이론에 대한 과학자의 신뢰를 키워야 할까? 이는 단순히 과학자들의 추리 방식에 관한 주어진 사실일까, 아니면 더 깊은 설명이 있는 것일까?

베이즈주의자들은 거기에 정말로 더 깊은 설명이 있다고 논변한다. 이론 T가 시험 가능한 진술 e를 함축한다고 하자. 과학자는 처음에 T가 참이라는 신뢰도 P(T)와 e가 참이라는 신뢰도 P(e)를 가지고 있다. 우리는 P(T)와 P(e)가 둘 다 극값을 취하지 않는다고, 다시 말해 0 또는 1이 아니라고 가정한다. 이때 과학자가 e가 확실히 참임을 알게 된다고 하자. 그가 조건화 규칙을 따른다면 이론 T에 대한 그의 새로운 신뢰도 Pnew(T)는 논리상 P(T)보다 커야만 한다. 다시 말해 그의 이론이 참인 예측을 했음을 알게 된 순간, 과학자는 그가 조건화 규칙을 따르는 한 반드시 그 이론에 대한 신뢰도를 높일 것이다. 예측이 성공하면 과학자는 전형적으로 자기 이론을 더 신뢰하게 된다는 사실에는 이렇게 해서 과학적 추론의 베이즈주의 견해에 의거한 깔끔한 설명이 생기게 된다.

그러나 베이즈주의 견해에는 한계가 있다. 몹시 흥미로운 과학적 추론에는 이전까지 한 번도 생각해본 적 없는 이론이나 가설을 발명하는 일이 수반된다. 코페르니쿠스, 뉴턴, 다윈이 이룬 위대한 과학적 진보는 모두 이러한 종류였다. 이 과학자들은 앞선 이들은 꿈도 꾸지 못했던 새로운 이론을 떠올렸다. 이들을 이러한 이론으로 이끈 추리가 베이즈주의 추리였다고 여길 수는 없다. 조건화는 과학자가 새로운 증거를 얻었을 때 이론에 대한 합리적 신뢰도를 어떻게 바꿔야 하느냐를 기술하는 것이므로, 그 이론은 이미 생각된 적이 있는 것이라고 전제하기 때문이다. 그러므로 조건화의 견지에서는 데이터에서 완전히 새로운 이론으로 가는 과학적 추론을 이해할 수 없다.

베이즈주의 견해의 다른 한계는 새로운 증거를 바탕으로 갱신하기 전, 초기 신뢰도의 출처와 관계가 있다. 카드 사례에서는 선택된 카드가 하트 퀸이라는 초기의 합리적 신뢰도를 결정하기가 쉬웠다. 카드 한 벌에는 저마다 선택될 확률이 동일한 카드 52장이 들어 있기 때문이다. 그러나 많은 과학적 가설은 이렇지 않다. 지구온난화가 2100년에 이르면 4도를 넘으리라는 가설을 생각해보자. 관련 증거를 얻기 전에 이 가설에 대한 과학자의 초기 신뢰도는 얼마여야 할까? 이 질문에는 명백한 답이 없다. 어떤 베이즈주의 과학철학자들은 초기 신뢰도는 순전히 주관적이므로, 다시 말해 그저 그 가설에 관한 과학자의 '최선의 추측'을 나타내므로 어떤 초기 신뢰도를 내놓아도 무방하다고 답변한다. 이러한 형태의 베이즈주의 견해에 따르면, 과학자가 새로운 증거를 얻었을 때 신뢰도를 바꾸기 위한, 곧 조건화를 위한 객관적으로 합리적인 방법은 있지만, 그의 초기 신뢰도가 얼마여야 하는가에 대한 객관적 구속은 전혀 없다.

많은 철학자는 이러한 주관성의 침입을 달갑지 않게 여긴 나머지 베이즈주의 견해는 과학적 추론에 관한 충분한 설명이 될 수 없다는 결론에 도달한다. 이는 한편으로 베이즈주의에도 흄의 귀납 문제에 대한 '해답'이 있을 수 없다는 것을 보여준다. 확률에 호소하면 어떻게든 흄의 문제에서 빠져나올 수 있다는 발상은 낡은 발상이다. 태양이 과거에 날마다 떠올랐다는 게 태양이 내일도 떠오를 것임을 증명하지는 않더라도, 매우 그럴법하게 만드는 것만은 틀림없지 않은가? 흄에 대한 이 답변이 궁극적으로 효과가 있느냐 없느냐는 복잡한 문제이다. 다만 우리는 다음과 같이 말할 수 있다. 객관적 구속은 오로지 신뢰도를 어떻게 바꿔야 하는가와 관계가 있을 뿐이고 초기 신뢰도가 얼마여야 하는지는 전적으로 주관적이라면, 매우 기괴한 세계관을 가진 사람마저도 완벽하게 합리적인 사람처럼 여겨질 것이다. 그러므로 확률에 의지해 흄의 문제에서 탈출한다 해도, 과학적 추론에 대한 베이즈주의 견해의 한계에서는 빠져나오지 못할 것이다.

제 3 장

과학에서 설명이란 무엇인가

과학의 중요한 목표는 우리 주위의 세계에서 일어나는 일을 설명하는 것이다. 때때로 우리는 실용적인 목적에서 설명을 추구한다. 예컨대 오존층이 왜 그토록 빨리 고갈되고 있는지를, 그에 관해 뭔가를 해보기 위해 알고 싶을지도 모른다. 우리가 과학적 설명을 추구하는 다른 이유는 단순히 우리의 지적 호기심을 충족시키기 위해서, 다시 말해 세계가 어떻게 작동하는가에 관해 더 많이 이해하고 싶어서이다. 역사적으로 두 가지 목적 모두 과학적 설명을 추구하도록 동기를 부여해 왔다.

현대 과학은 설명을 제공하는 과학의 목표를 상당히 흔히 달성한다. 예컨대 화학자는 왜 나트륨이 불에 타면 노란빛으로 변하는가를 설명할 수 있다. 천문학자는 왜 일식이 일어나는가를 설명할 수 있다. 경제학자는 왜 1980년대에 엔화 가치가 떨어졌는가를 설명할 수 있다. 유전학자는 왜 남성의 대머리가 가계를 타고 내려가는 경향이 있는가를 설명할 수 있다. 신경생리학자는 왜 극도의 산소 결핍이 뇌 손상으로 이어지는가를 설명할 수 있다. 당신도 과학적 설명의 성공 사례를 많이 떠올릴 수 있을 것이다.

하지만 **과학적 설명**이란 정확히 무엇일까? 어떤 현상을 과학으로 '설명'할 수 있다는 말은 정확히 무슨 뜻일까? 이는 아리스토텔레스 이래로 철학자들을 괴롭혀온 질문이다. 우리는 1950년대에 미국의 철학자 칼 헴펠(Carl Hempel)이 과학적 설명에 대해 내놓은 유명한 해석을 출발점으로 삼을 것이다. 헴펠의 해석은 설명의 **포괄 법칙**(covering law)으로 알려져 있다. 왜 그렇게 불리는지는 이제부터 분명해질 것이다.

헴펠이 제안한 설명의 포괄 법칙 모형

포괄 법칙에 깔린 기본 발상은 간단하다. 헴펠은 과학적 설명이 대개는 그가 '설명을 구하는 '왜' 질문'이라 부르는 것에 대한 답변으로 주어진다는 데 주목했다. 예컨대 '왜 지구는 완벽하게 구형이 아닌가?', '왜 여자가 남자보다 오래 사는가?'처럼 설명을 구하는 질문이다. 과학적 설명을 한다는 것은 설명을 구하는 이러한 질문에 만족스러운 답을 제공하는 것이다. 그러므로 그러한 답이 지녀야 하는 본질적 특징들을 알아낼 수 있다면, 과학적 설명이 무엇인가도 알게 될 것이다.

헴펠은 과학적 설명들이 전형적으로 전제들의 집합에 결론이 뒤따르는 논증의 논리 구조를 가지고 있다는 의견을 내놓았다. 결론은 설명이 필요한 현상이 일어난다는 것을 진술하고, 전제들은 우리에게 왜 그 결론이 참인가를 말해준다. 누군가가 왜 설탕이 물에 녹는가를 묻는다고 하자. 이는 설명을 구하는 '왜 질문'이다. 이 질문에 답하려면 우리는 '설탕은 물에 녹는다'라는 결론과 우리에게 이 결론이 왜 참인가를 말해주는 전제들로 이루어진 논증을 구성해야 한다는 게 헴펠의 말이다. 그렇다면 과학적 설명에 해석을 제공한다는 과제는 전제들의 집합이 결론의 설명이 되도록 이 전자와 후자의 관계를 정확하게 특징짓는 과제로 탈바꿈한다. 그게 바로 헴펠 자신이 설정한 문제였다.

이 문제에 헴펠이 내놓은 답은 세 부분으로 되어 있다. 첫째, 전제들은 결론을 함축해야 한다. 즉 논증은 연역 논증이어야 한다. 둘째, 전제들은 모두 참이어야 한다. 셋째, 전제들 중 최소한 하나는 보편 법칙으로 구성되어야 한다. 보편 법칙이란 '모든 금속은 전기를 전도한다', '물체의 가속도는 질량에 반비례한다', '모든 식물에는 엽록체가 들어 있다' 같은 것이며, '이 금속은 전기를 전도한다', '내 책상 위의 식물에는 엽록체가 들어 있다' 같은 특정 사실과 대비된다. 보편 법칙은 때때로 **자연 법칙**으로 불린다. 헴펠은 과학적 설명이 보편 법칙뿐만 아니라 특정 사실에도 호소할 수 있다는 것을 인정했지만, 최소한 하나의 보편 법칙은 필수라고 여겼다. 그러므로 헴펠의 개념에 따르면 어떤 현상을 설명한다는 것은 그 현상이 보편 법칙에 따라 연역적으로 일어난다는 것을, 반드시 모두 참인 다른 법칙들과 특정 사실들 둘 다 혹은 어느 한쪽의 도움을 받아 보여주는 것이다.

예를 들어 내가 내 책상 위의 식물이 왜 죽었는가를 설명하려는 중이라고 하자. 나는 다음과 같은 설명을 내놓을 것이다. 서재에 빛이 잘 들지 않아서 지금껏 그 식물에 햇빛이 전혀 닿지 않았다. 식물이 광합성을 하려면 햇빛이 필요하다. 광합성을 하지 못하는 식물은 생존에 필요한 탄수화물을 만들 수 없어 죽는다. 그래서 내 식물은 죽었다. 이 설명은 헴펠의 모형에 정확히 들어맞는다. 두 가지 참인 법칙—광합성을 위해서는 햇빛이 필요하다, 생존을 위해서는 광합성이 필요하다—과 한 가지 특정 사실—그 식물은 햇빛을 받지 못하고 있었다—에서 결론을 연역함으로써 식물의 죽음을 설명한다. 두 가지 법칙과 특정 사실이 참이라는 것을 고려하면 그 식물의 죽음은 **반드시** 일어나야 했고, 그래서 전자는 후자의 훌륭한 설명이 된다.

헴펠의 설명 모형은 도식적으로 다음과 같이 쓸 수 있다.

보편 법칙들

특정 사실들

⇒

설명할 현상

설명할 현상을 **피설명항**이라 하고, 설명하는 보편 법칙들과 특정 사실들을 **설명항**이라 한다. 피설명항은 특정한 것일 수도 있고 보편적인 것일 수도 있다. 위의 사례에서는 피설명항이 특정 사실—내 식물의 죽음—이었다. 하지만 우리가 설명하고 싶은 것이 보편적인 것일 때도 있다. 예컨대 우리는 왜 태양에 노출되면 피부암에 걸리는지 설명하기를 바랄지도 모른다. 이 자체는 특정 사실이 아니라 보편성이다. 이를 설명하려면 더 기본적인 법칙들—짐작건대 방사선이 피부 세포에 미치는 영향에 관한 법칙들—에다 햇빛에 들어 있는 방사선의 양에 관한 특정 사실들을 합친 뒤, 거기서 그 법칙을 연역해야 할 것이다. 그러므로 피설명항, 즉 우리가 설명하고자 하는 것이 특정한 것이건 보편적인 것이건 과학적 설명의 구조는 본질적으로 같다.

포괄 법칙 모형이 어디에서 이름을 얻었는지는 쉽게 알 수 있다. 이 모형에 따르면 설명의 본질은 어떤 보편적 자연 법칙이 설명할 현상을 '포괄함'을 보여주는 것이기 때문이다. 이 발상에는 확실히 호소력이 있다. 어떤 현상이 보편 법칙의 결과임을 보여주면 어떤 의미에서는 그 현상에서 신비가 제거되기—그 현상이 더 쉽게 이해되기—때문이다. 그리고 실제로 많은 과학적 설명이 헴펠이 기술하는 양식에 들어맞는다. 예컨대 뉴턴은 왜 행성들이 태양 주위를 타원으로 움직이는가를 그의 만유인력 법칙에다 몇 가지 사소한 부가적 가정을 덧붙인 뒤, 거기서 이를 연역할 수 있다는 것을 보여줌으로써 설명했다. 이러한 뉴턴의 설명은 헴펠의 모형과 정확히 들어맞는다. 자연 법칙에 몇 가지 부가적 사실을 더해 그 현상은 그래야 했다는 것을 보여주는 방식으로 현상을 설명하니 말이다. 뉴턴 이후로 왜 행성의 궤도가 타원인가에 관해서는 더 이상 어떤 신비도 없었다.

헴펠은 모든 과학적 설명이 자신의 모형에 정확히 들어맞는 것은 아님을 알고 있었다. 예컨대 당신이 누군가에게 왜 아테네에서 최근에 스모그가 악화되었느냐고 묻는다면, 그는 '가정에서 (경제난으로) 나무를 때는 일이 많아져서'라고 답할지도 모른다. 이는 사실이고, 어떤 법칙도 언급하지 않지만 완벽하게 인정할 수 있는 과학적 설명이다. 하지만 헴펠은 그 설명을 충분히 자세하게 풀어 쓰면 법칙이 그림에 들어간다고 말할 것이다. 짐작건대 '나무 때는 연기가 주어진 면적에서 일정 수준을 넘어 방출되고 바람이 충분히 약하면 스모그 구름이 형성된다' 같은 법칙이 있을 것이다. 왜 아테네에서 스모그가 악화되었는가에 대한 완전한 설명이라면 이 법칙을 아테네에서 나무를 때는 일이 많아졌고 그곳의 바람은 상당히 약하다는 사실과 나란히 인용할 것이다. 실제로는 매우 현학적인 사람이 아닌 한 설명을 이렇게까지 자세하게 풀어 쓰지는 않겠지만 풀어 쓸 작정이라면, 그 설명은 포괄 법칙 양식과 상당히 잘 일치할 것이다.

헴펠은 그의 모형에서 설명과 예측의 관계에 관한 흥미로운 결과를 이끌어냈다. 설명과 예측은 동전의 양면이라는 논변이었다. 우리가 어떤 현상에 대한 포괄 법칙 설명을 내놓건 그 현상에 관해 이미 알고 있지 않았다면, 우리는 인용하는 법칙들과 특정 사실들로써 그 현상의 발생을 예측할 수 있을 것이다. 예를 들어 왜 행성의 궤도가 타원인가에 대한 뉴턴의 설명을 다시 생각해보자. 행성의 궤도가 타원이라는 사실은 뉴턴이 그의 중력 이론을 써서 설명하기 오래전부터—케플러가 발견해서—알려져 있었다. 하지만 그 사실이 알려져 있지 않았다면, 뉴턴은 중력 이론을 토대로 그 사실을 예측할 수 있었을 것이다. 헴펠은 이를 모든 과학적 설명은 잠재적으로 예측—문제의 현상이 이미 알려져 있지 않다면 설명이 현상을 예측하는 구실을 했을 것—이라는 말로 표현했다. 헴펠은 그 역, 즉 모든 믿을 만한 예측은 잠재적으로 설명이라는 것도 참이라고 생각했다. 예를 들어 과학자들이 마운틴고릴라의 서식지 파괴에 관한 정보를 기반으로 마운틴고릴라는 2030년이 되기 전에 멸종할 것이라고 예측했다고 하자. 그리고 그들의 예측이 옳았음이 드러났다고 하자. 헴펠에 따르면 고릴라의 멸종이 일어나기 전에 멸종을 예측하기 위해 그들이 사용한 정보는 멸종이 일어난 뒤에는 그 사실을 설명하는 구실을 할 것이다. 설명과 예측은 구조적으로 대칭이다.

포괄 법칙 모형은 많은 실제의 과학적 설명을 꽤 잘 포착하지만, 얼마간의 난처한 반례에 직면하기도 한다. 특히, 포괄 법칙 모형에 **들어맞지만** 직관적으로 진짜 과학적 설명으로 여겨지지 않는 경우들이 있다. 이러한 경우는 헴펠의 모형이 지나치게 관대함—배제해야 하는 것들을 받아들임—을 시사한다. 우리는 여기서 그러한 두 경우에 초점을 맞춘다.

경우 (i): 대칭의 문제

햇빛이 쨍쨍한 날에 당신이 바닷가에 누워 있다가, 깃대가

모래를 가로질러 20미터의 그림자를 드리우고 있음을 알아차렸다고 하자.(그림 4)

누군가가 당신에게 왜 그림자의 길이가 20미터인지 설명해 달라고 한다. 이는 설명을 구하는 '왜 질문'이다. 그럴듯한 답은 다음과 같이 진행될 것이다. "태양광선이 정확히 15미터 높이인 깃대를 때리고 있군요. 태양의 올려본각은 37도이고요. 빛은 직선으로 이동하니까, 단순한 삼각법으로 계산하면(tan 37°=15/20) 깃대는 20미터 길이의 그림자를 드리우리라는 것을 알 수 있어요."

이는 완벽하게 훌륭한 과학적 설명처럼 보인다. 그리고 헴펠의 도식에 따라 아래와 같이 다시 쓰면, 포괄 법칙 모형과도 들어맞는다는 것을 알 수 있다.

보편 법칙들	빛은 직선으로 이동한다
	삼각법의 법칙들
특정 사실들	태양의 올려본각은 37도이다
	깃대의 높이는 15미터이다
⇒	
설명할 현상	그림자의 길이가 20미터이다

태양의 올려본각과 깃대의 높이에다 빛은 직선으로 이동한

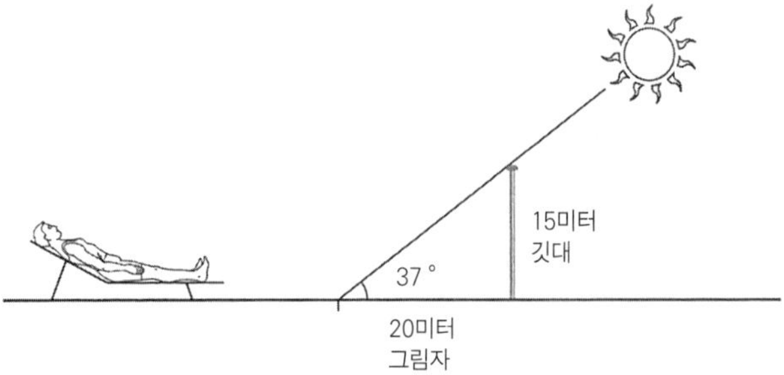

4. 태양의 고도가 37도일 때 바닷가에서 15미터의 깃대가 20미터의 그림자를 드리우고 있다.

다는 광학 법칙, 삼각법의 법칙들을 덧붙이면 그림자의 길이가 연역된다. 이러한 법칙들은 참이므로, 그리고 깃대의 높이도 정말로 15미터이므로, 이 설명은 헴펠의 필요조건들을 정확히 만족시킨다. 지금까지는 좋다. 문제는 다음과 같이 일어난다. 그림자의 길이가 20미터라는 피설명항을 깃대의 높이는 15미터라는 특정 사실과 맞바꾼다고 하자. 그 결과는 이렇다.

보편 법칙들	빛은 직선으로 이동한다
	삼각법의 법칙들
특정 사실들	태양의 올려본각은 37도이다
	그림자의 길이는 20미터이다
⇒	
설명할 현상	깃대의 높이가 15미터이다

이 '설명'도 분명 포괄 법칙 양식과 일치한다. 깃대가 드리우는 그림자의 길이, 태양의 올려본각, 빛은 직선으로 이동한다는 광학 법칙, 삼각법의 법칙들을 덧붙이면, 깃대의 높이가 연역된다. 하지만 이것을 왜 깃대의 높이가 15미터인가에 대한 **설명**으로 여기는 것은 매우 이상해 보인다. 왜 깃대의 높이가 15미터인가에 대한 진정한 설명은 짐작건대 목수가 의도

적으로 깃대를 그렇게 만들었다는 것일 텐데, 이는 깃대가 드리우는 그림자의 길이와는 아무 상관도 없다. 그러므로 헴펠의 모형은 지나치게 관대하다. 명백히 과학적 설명이 아닌 것을 과학적 설명으로 쳐주니 말이다.

깃대 사례의 보편적 교훈은 설명의 개념이 중요한 비대칭을 보여준다는 것이다. 관련 법칙들과 부가적 사실들이 주어지면 깃대의 높이가 그림자의 길이를 설명하지만, 그림자의 길이가 깃대의 높이를 설명하지는 않는다. 일반적으로 관련 법칙들과 부가적인 사실들로 x가 y를 설명한다면, 같은 법칙들과 사실들로 y가 x를 설명한다는 진술은 참이 아닐 것이다. 이것을 때때로 '설명은 비대칭 관계이다'라는 말로 표현한다. 헴펠의 포괄 법칙 모형은 이 비대칭성을 존중하지 않는다. 법칙들과 부가적 사실들이 주어지면 깃대의 높이에서 그림자의 길이를 연역할 수 있는 것과 똑같이, 그림자의 길이에서 깃대의 높이를 연역할 수도 있기 때문이다. 그러므로 헴펠의 모형은 과학적 설명이란 무엇인가를 완전히 포착하는 데 실패한다. 헴펠의 모형은 실제로는 설명이 비대칭일 때에도 설명은 대칭이어야 함을 함축하기 때문이다.

그림자와 깃대의 사례는 설명과 예측은 동전의 양면이라는 헴펠의 명제에 반례를 제공하기도 한다. 이유는 명백하다. 당신이 깃대의 높이를 몰랐다고 하자. 누군가가 당신에게 깃대는 20미터의 그림자를 드리우고 있으며 태양의 올려본각은 37도라고 말해준다면, 그리고 당신이 관련된 광학 법칙들 및 삼각법의 법칙들을 알고 있었다고 가정하면, 당신은 깃대의 높이를 **예측**할 수 있을 것이다. 하지만 우리가 방금 보았듯이, 이 정보는 분명 왜 깃대의 높이가 그러한가를 **설명**하지 않는다. 어떤 사실을 알기 전에 예측하는 구실을 하는 정보가 같은 사실을 안 뒤에 설명하는 구실을 하지 않는다는 것은 헴펠의 명제에 모순된다.

경우 (ii): 무관련성의 문제

어느 꼬마가 병원의 산부인과 병동에 있다고 하자. 꼬마가 병실에 있는 한 사람—존이라 불리는 남자—은 임신하지 않았음을 알아차리고, 의사에게 왜 그런지 묻는다. 의사는 이렇게 답한다. "존은 몇 년 전부터 꼬박꼬박 피임약을 먹고 있단다. 피임약을 꼬박꼬박 먹는 사람은 절대로 임신하지 않게 돼. 그래서 존은 임신하지 않은 거야."

의사가 꼬마에게 한 말이 참말이라고—존은 정신질환이 있어서 피임약이 몸에 좋다고 믿고 정말로 피임약을 먹는다고—하자. 그렇더라도 의사가 꼬마에게 한 대답은 분명 도움이 되지 않는다. 왜 존은 임신하지 않는가에 대한 정확한 설명은 명백히 그는 남성이고 남성은 임신할 수 없다는 것이다.

그러나 의사가 해준 이 설명은 포괄 법칙 모형에 정확하게 들어맞는다. 의사는 설명할 현상—존은 임신하지 않았다—을, 피임약을 먹은 사람은 임신하지 않는다는 보편 법칙과 존은 전부터 피임약을 먹고 있다는 특정 사실에서 연역한다. 보편 법칙과 특정 사실이 모두 참이므로, 그리고 그것들이 정말로 피설명항을 함축하기는 하므로 포괄 법칙 모형에 따르면 의사는 왜 존은 임신하지 않았나 하는 질문에 설명을 주었다. 물론 그는 설명을 준 게 아니다.

여기서 보편적 교훈은 어떤 현상에 대한 훌륭한 설명은 그 현상의 발생에 **관련된** 정보를 담고 있어야 한다는 것이다. 의사가 꼬마에게 한 대답은 여기서 어긋난다. 의사가 꼬마에게 하는 말은 완벽하게 참말이지만, 존이 전부터 피임약을 먹고 있다는 사실은 그가 임산부가 아니라는 현상과 무관하다. 그는 전부터 약을 먹고 있지 않았더라도 임신하지 않았을 것이기 때문이다. 그래서 의사의 답변은 꼬마의 질문에 훌륭한 답이 되지 않는다. 헴펠의 모형은 우리의 설명 개념이 지닌 이 결정적 특징을 존중하지 않는다.

설명과 인과성

포괄 법칙 모형이 갖가지 문제에 부닥치므로 과학적 설명을 이해하는 다른 방법을 찾는 것은 당연한 일이다. 어떤 철학자들은 그 열쇠가 **인과성**의 개념에 있다고 믿는다. 꽤 매력적인 제안이다. 많은 경우에 어떤 현상을 설명한다는 것은 실제로 그것의 원인이 무엇이었나를 말하는 것이기 때문이다. 예컨대 어느 사고 조사관이 비행기 추락을 설명하려 애쓰고 있다면 그는 명백히 추락 원인을 찾고 있는 것이다. 실제로 '왜 비행기가 추락했을까?'와 '무엇이 비행기가 추락한 원인이었을까?'라는 질문은 사실상 동의어이다. 마찬가지로 어느 생태학자가 왜 열대우림의 생물다양성이 예전보다 낮아졌는지 설명하려 애쓰고 있다면, 그는 생물다양성이 낮아진 원인을 찾고 있는 것이다. 설명과 인과성이라는 개념 사이의 유대는 꽤 끈끈하다.

이 유대 관계에서 깊은 인상을 받은 몇몇 철학자는 설명의 포괄 법칙 해석을 버리고 인과성에 기반한 해석에 찬성해왔다. 이러한 해석들도 자세히 들어가면 서로 다르지만, 바탕의 기본 발상은 어떤 현상을 설명한다는 것은 단순히 무엇이 그것의 원인이었나를 말하는 것이라는 생각이다. 포괄 법칙 해석과 인과적 해석의 차이가 실은 그다지 대단치 않은 경우들도 있다. 어떤 현상의 발생을 보편 법칙에서 연역하는 것이 그냥 곧 그 현상의 원인을 찾아주는 것인 경우가 흔하기 때문이다. 예컨대 왜 행성의 궤도가 타원인가에 대한 뉴턴의 설명을 다시 떠올려보자. 우리는 이 설명이—뉴턴이 행성 궤도의 모양을 그의 중력 법칙과 몇 가지 부가적 사실에서 연역했으니—포괄 법칙 모형에 들어맞는다는 것을 보았다. 하지만 행성과 태양 사이의 중력끌림은 행성의 궤도가 타원이 된 **원인**이므로 뉴턴의 설명은 인과적 설명이기도 하다.

그러나 포괄 법칙 해석과 인과적 해석은 완전히 동등한 것이 아니라, 경우에 따라 갈라지기도 한다. 실은 많은 철학자가 설명의 인과적 해석에 찬성하는 이유가 바로 인과적 해석은 포괄 법칙 모형이 직면하는 문제의 일부를 피할 수 있다고 생각하기 때문이다. 앞의 깃대 문제를 떠올려보자. 왜 우리의 직관은 우리더러 법칙들이 주어지면 깃대의 높이가 그림자의 길이를 설명하지만, 반대의 경우는 그렇지 않다고 이야기할까? 그럴싸하게 말하자면 깃대의 높이는 그림자의 길이가 20미터인 **원인**이지만, 그림자의 길이가 20미터인 것은 깃대의 높이가 15미터인 원인이 아니기 때문이다. 그러므로 포괄 법칙 모형과 달리, 설명의 인과적 해석은 깃대 문제에 '맞는' 답을 준다. 깃대가 드리우는 그림자의 길이를 가리키는 것으로 깃대의 높이를 설명할 수는 없다는 우리의 직관을 존중한다는 말이다.

깃대 문제의 보편적 교훈은 포괄 법칙 모형은 설명이 비대칭 관계라는 사실을 수용할 수 없다는 것이었다. 이제 보니 인과성도 명백히 비대칭 관계이다. x가 y의 원인이면, y는 x의 원인이 아니니 말이다. 예컨대 합선이 화재의 원인이었다면, 화재는 분명 합선의 원인이 아니다. 그러므로 설명의 비대칭은 인과성의 비대칭에서 유래한다는 의견은 자연스럽다. 어떤 현상을 설명하는 것이 곧 그것의 원인이 무엇이었나를 말하는 것이라면, 인과성이 비대칭이니 설명도—실제로 그렇듯이—비대칭일 것으로 예상해야 한다. 포괄 법칙 모형이 깃대 문제에 부닥치는 이유는 바로 인과성을 참조하지 않은 채 과학적 설명의 개념을 분석하려 들기 때문이다.

피임약의 경우도 마찬가지이다. 존이 피임약을 먹는다는 사실이 왜 그가 임신하지 않았나를 설명하지 못하는 이유는 피임약은 그가 임신하지 않은 **원인**이 아니기 때문이다. 존이 임신하지 않은 원인은 피임약이 아니라 그의 성별이다. 그래서 우리는 '왜 존은 임신하지 않았나?'라는 질문에 대한 정답은 의사가 꼬마에게 한 답이 아니라, '그는 남자이고, 남자는 임신할 수 없기 때문'이라고 생각하는 것이다. 그러므로 포괄 법칙 모형이 무관련성의 문제에 부닥치는 정확한 이유는 그것이 과학적 설명은 우리가 설명하고 싶은 현상의 원인을 확인해야 한다고 명시적으로 요구하지 않기 때문이다.

인과성과 설명 사이의 끈끈한 유대를 존중하지 못했다는 이유로 헴펠을 비판하기는 쉽고, 많은 철학자가 그렇게 해왔다. 몇 가지 면에서 이 비판은 좀 부당하다. 헴펠은 **경험주의**로 알려진 철학적 신조에 찬동했는데, 경험주의자는 전통적으로 인과성의 개념을 의심스러워하기 때문이다. 경험주의는 우리의 모든 지식이 경험에서 나온다고 말한다. 우리가 제2장에서 만난 데이비드 흄이 주도적인 경험주의자였는데, 그의 논변에 의하면 인과 관계를 경험하는 것은 불가능하다. 그래서 그는 인과 관계가 존재하지 않는다는 결론을 내렸다. 인과성이란 우리 인간이 세상 위로 '투사하는' 어떤 것이다! 받아들이기 매우 어려운 결론이다. 유리 꽃병을 떨어뜨리면 꽃병이 깨지는 것은 객관적 사실이 틀림없지 않은가? 흄은 이를 부인했다. 과거에 떨어졌던 유리 꽃병 대부분이 실제로 깨졌다는 게 객관적 사실이라는 것은 인정했다. 하지만 인과성은 이보다 많은 것을 포함한다. 떨어뜨리는 것과 깨지는 것 사이의 인과적 연관성, 즉 전자가 후자를 **초래한다**는 발상을 포함한다. 흄에 따르면 그러한 연관성은 세상에서 하나도 발견되지 않는다. 우리에게 보이는 것이라고는 떨어지고 있는 꽃병, 다음에는 잠깐 뒤에 깨지고 있는 꽃병이 전부라는 말이다. 그 결과로 우리는 둘 사이에 인과적 연관성이 있다고 믿지만, 실제로는 없다.

이 놀랄 만한 결론을 곧이곧대로 받아들인 경험주의자는 거의 없다. 하지만 흄이 노력한 결과로, 경험주의자들은 인과성을 대단히 조심스럽게 다루어야 할 개념으로 여기는 경향이 생겼다. 그러므로 경험주의자의 눈에 인과성 개념의 관점에서 설명의 개념을 분석한다는 발상은 심술로 보일 것이다. 헴펠이 그랬듯 과학적 설명이라는 개념을 명확히 하려는 목적으로, 불명확한 관념을 사용하는 것은 무의미하기 때문이다. 그러므로 포괄 법칙 모형이 인과성을 전혀 언급하지 않는다는 사실은 헴펠로서는 단순한 간과가 아니었다. 요즘 들어 경험주의는 인기가 다소 떨어지는 추세이다. 게다가 많은 철학자가 인과성 개념은 철학적으로 문제가 많기는 해도 우리가 세계를 이해하는 경로에 없어서는 안 된다는 결론에 도달해왔다. 그래서 인과성에 기반해 과학적 설명을 해석하려는 발상도 헴펠의 시절에 용납되었을 수준보다는 더 많이 용납되는 것 같다.

인과성에 기반한 해석은 실재하는 많은 과학적 설명의 구조를 꽤 잘 포착하지만, 덜 들어맞는 경우들도 있다. 과학에서 '이론적 동일시(theoretical identification)'라 불리는 것을 생각해보자. '물은 H_2O이다'가 일례이고, '온도는 평균 분자 운동 에너지이다'도 마찬가지이다. 두 사례 모두에서 친숙한 일상적 개념이 더 심오한 과학적 개념과 등치되거나 동일화된다.

이러한 이론적 동일시는 우리에게 과학적 설명처럼 보이는 것을 제공한다. 화학자들은 물이 H_2O라는 것을 발견한 순간, 그럼으로써 물이란 무엇인가를 설명했다. 마찬가지로 물리학자들은 물체의 온도가 물체를 구성하는 분자들의 평균 운동 에너지라는 것을 발견한 순간, 그럼으로써 온도란 무엇인가를 설명했다. 하지만 이러한 설명 가운데 어떤 것도 인과적인 것은 아니다. H_2O로 만들어졌다는 말은 그것이 물이라는 말일 뿐 어떤 물질이 물이 되는 **원인**이 아니다. 어떤 액체가 특정한 평균 분자 운동 에너지를 가지고 있다는 말은 온도가 그것에 해당한다는 말일 뿐 그 액체의 온도가 지금과 같게 된 **원인**이 아니다. 이러한 사례들이 타당한 과학적 설명으로 인정된다면 이는 인과성에 기반해 설명을 해석하는 것이 이야기의 전부일 수 없음을 시사한다.

과학이 모든 것을 설명할 수 있을까?

현대 과학은 우리가 살고 있는 세계에 관해 엄청나게 많은 것을 설명할 수 있다. 그러나 과학으로 설명되지 않은 사실, 적어도 완전히 설명되지 않은 사실도 셀 수 없이 많다. 생명의 기원이 일례이다. 우리는 약 40억 년 전 자신을 복제할 능력을 가진 분자들이 원시 수프 속에 나타났고, 거기서부터 생명이 진화했다고 알고 있다. 하지만 스스로 번식하는 이 분자들이 애초에 어떻게 그 상태에 도달했는지를 이해하는 것은 아니다. (몇몇 가능한 각본이 스케치되기는 했지만.) 다른 일례는 아스퍼거 증후군을 가진 아이들의 기억력이 매우 좋은 경우가 흔하다는 사실이다. 수많은 연구가 이 사실을 입증해왔지만 아직까지 그것을 설명하는 데 성공한 사람은 아무도 없다.

그래도 많은 사람이 과학이 마침내 이런 사실들을 설명할 수 있으리라고 믿는다. 꽤 그럴법한 견해이다. 분자생물학자들이 생명의 기원 문제에 열심히 공을 들이고 있으니, 비관주의자만이 그들이 결코 그 문제를 해결하지 못하리라고 말할 것이다. 문제가 쉽지 않다는 것은 인정한다. 무엇보다 40억 년 전 지구의 조건이 어땠는지를 알기가 매우 어렵기 때문이다. 그럼에도 불구하고 생명의 기원이 결코 설명되지 않으리라고 생각할 이유는 전혀 없다. 아스퍼거 증후군을 가진 아이들의 예외적인 기억력에 관해서도 마찬가지이다. 기억의 과학은 아직까지 꽤 새로운 분야이니 아스퍼거 증후군과 같은 증세의 신경적 기초에 관해서는 앞으로도 많은 것이 발견될 것이다. 그 설명이 마침내 발견되리라고 보장할 수 없다는 것은 명백하다. 하지만 현대 과학이 설명에서 이미 따낸 성공의 점수를 고려하면, 영리한 사람이라면 오늘날까지 설명되지 않은 사실 가운데 많은 사실도 마침내 설명되리라는 쪽에 돈을 걸어야 한다.

그러나 이것이 과학이 원리적으로 모든 것을 설명할 수 있다는 뜻일까? 아니면 과학적 설명을 영원히 피해 갈 게 틀림없는 현상들도 있을까? 한편으로 과학은 모든 것을 설명할 수 있다고 단언하는 것은 오만해 보인다. 다른 한편으로 뭐가 되었건 특정 현상은 결코 과학적으로 설명될 수 없다고 단언하는 것 또한 근시안적으로 보인다. 과학은 매우 빠르게 변화하고 발전하므로, 오늘은 과학의 관점에서 도저히 설명할 수 없는 듯 보이는 현상이 내일은 쉽게 설명될 수도 있기 때문이다.

여러 철학자들에 따르면 과학이 결코 모든 것을 설명할 수 없으리라는 데는 다음과 같이 순수하게 논리적인 이유가 있다. 뭐가 되었건 뭔가를 설명하려면 다른 뭔가를 들먹일 필요가 있다. 하지만 그 두번째 것은 무엇으로 설명할까? 예를 들어 뉴턴이 그의 중력 법칙을 써서 다양한 범위의 현상을 설명한 것을 떠올려보라. 그러나 중력 법칙 자체는 무엇으로 설명할까? 누군가가 왜 모든 물체가 서로에 대해 중력을 발휘하느냐고 묻는다면 뭐라고 말해야 할까? 뉴턴에게도 그 물음에 대한 답은 없었다. 뉴턴주의 과학에서 중력 법칙은 기본 원리였다. 그것으로써 다른 것들을 설명했지만 그 자체를 설명할 수는 없었다는 말이다. 이 교훈을 일반화할 수 있다. 미래의 과학이 아무리 많은 것을 설명할 수 있다 해도, 그 과학이 내놓는 설명은 일정한 기본 법칙 및 원리를 사용해야 할 것이다. 아무것도 그 자체를 설명할 수는 없으므로, 당연히 이러한 법칙 및 원리 가운데 최소한 일부는 설명되지 않고 남아 있을 것이다.

이 논증을 어떻게 이해하건, 이 논증은 부인할 수 없이 매우 추상적이다. 결코 설명되지 않는 무엇이 있다고 주장하지만 그게 뭔지는 말해주지 않는다. 그러나 어떤 철학자들은 과학이 결코 설명할 수 없다고 생각하는 현상에 구체적인 의견을 제시해왔다. 일례가 의식—이를테면 우리 자신과 그 밖의 고등 동물들처럼 생각하고 느끼는 피조물을 구분 짓는 특징—이다. 신경과학자, 심리학자 등이 의식의 본성을 많이 연구해왔고 지금도 계속하고 있다. 하지만 최근의 철학자 몇몇은 이 연구들이 무엇을 토해내건 결코 의식의 본성을 완전히 설명하지 못할 거라고 주장한다. 의식의 현상에 관해서는 본질적으로 신비한 뭔가가 있으며, 그것은 아무리 많은 과학적 연구로도 제거할 수 없다고 우긴다.

이 견해를 뒷받침하는 근거는 무엇일까? 기본 논변은 우리가 의식하는 경험에는 '주관적 측면'이 있다는 점에서 기본적으로 세상의 다른 무엇과도 같지 않다는 것이다. 예컨대 무서운 공포 영화를 관람하는 경험을 생각해보자. 이는 매우 독특한 '느낌'이 동반되는 경험이다. 요즘 용어로 하자면, 그 경험에는 그 경험을 하는 것 '같은 어떤 것'이 있다. 신경과학자들이 언젠가는 우리의 무서운 느낌이 만들어질 때 뇌 안에서 진행되는 복잡한 일들을 자세히 설명해줄 수 있을지도 모른다. 하지만 그런다고 해서 왜 공포 영화 관람은 다른 식으로 느껴지지 않고 지금처럼 느껴지는지도 설명이 될까? 어떤 철학자들은 그런 일은 일어나지 않을 거라고 주장한다. 이 견해에 따르면, 뇌의 과학적 연구는 기껏해야 우리에게 뇌의 어떤 과정이 우리가 의식하는 어떤 경험과 상관이 있다고 말해줄 수 있을 뿐이다. 이는 물론 흥미롭고 가치 있는 정보이다. 그러나 왜 독특한 주관적 '느낌'을 동반하는 경험이 뇌 안에서 일어나는 순수하게 물리적인 일들의 결과여야 하는가는 말해주지 않는다. 그런 이유로 의식 또는 최소한 의식의 중요한 한 측면은 과학적으로 설명할 수 없다.

꽤 설득력이 있기는 하지만 이 논변은 논란이 될 뿐만 아니라, 모든 신경과학자는커녕 모든 철학자가 지지하는 것도 아니다. 철학자 대니얼 데닛(Daniel Dennett)이 쓰고 1991년에 출간된 유명한 책은 대담하게도 『의식의 수수께끼를 풀다 Consciousness Explained』라는 제목을 달고 있다. 의식을 과학적으로 설명할 수 없다는 견해의 지지자들은 때때로 상상력이 부족하다는 꾸지람을 듣는다. 현재의 뇌과학이 지금 우리가 의식하는 경험의 주관적 측면을 설명하지 못한다는 것이 사실이라 해도, 미래에는 지금 우리가 경험하는 방식을 설명하는, 다른 설명 기법을 갖춘 다른 뇌과학이 등장하리라고 상상할 수 없을까? 철학자들에게는 과학자들에게 무엇이 가능하고 무엇이 불가능한지를 말해주려고 시도하는 오랜 전통이 있다. 그리고 과학의 발전은 철학자들이 틀렸음을 증명해왔다. 의식은 언제나 과학적 설명을 요리조리 피해 다닐 게 틀림없다고 논하는 사람들에게도 같은 운명이 기다리고 있는지 어떤지는 시간만이 말해줄 것이다.

설명과 환원

서로 다른 과학 분야는 서로 다른 유형의 현상을 설명할 의도로 만들어졌다. 왜 고무는 전기를 전도하지 않는가를 설명하는 것은 물리학의 과제이다. 왜 바다거북은 그토록 오래 사는가를 설명하는 것은 생물학의 과제이다. 왜 이자율을 높이면 인플레이션이 완화되는가를 설명하는 것은 경제학의 과제이다. 간단히 말해 과학은 분야별로 분업이 되어 있다. 분야마다 특정 현상들의 집합을 설명하는 일을 전문으로 한다. 그래서 과학은 대개 서로 경쟁하지 않는다. 예컨대 생물학자는 물리학자나 경제학자가 자기네 영역을 침해할까봐 걱정하지 않는다는 말이다.

그럼에도 불구하고 과학의 다양한 가지들이 모두 동등한 것은 아니라는 생각, 다시 말해 어떤 분야는 다른 분야보다 더 근본적이라는 생각이 널리 퍼져 있다. 물리학은 대개 모든 과학 중에서도 가장 근본적인 과학으로 여겨진다. 왜? 다른 과학에서 연구하는 대상들도 궁극적으로는 물리적 입자로 구성되어 있기 때문이다. 예컨대 살아 있는 유기체들을 생각해보자. 살아 있는 유기체는 세포로 이루어져 있고, 세포 자체는 물·핵산·단백질·당·지질로 이루어져 있으며, 이 모두는 분자 또는 한데 엮인 분자들의 긴 사슬로 구성되어 있다. 분자는 원자로 이루어져 있고, 원자는 물리적 입자이다. 그러므로 생물학자가 연구하는 대상도 궁극적으로는 단지 매우 복잡한 물리적 실체이다. 같은 논리가 다른 과학, 심지어 사회과학에도 적용된다. 경제학을 예로 들어보자. 경제학은 시장에서 기업과 소비자가 하는 행동 그리고 이 행동의 결과들을 연구한다. 하지만 소비자는 인간이고 기업은 인간으로 이루어져 있으며, 인간은 살아 있는 유기체이므로 물리적 실체이다.

이것이 원론적으로 물리학이 모든 상위의 과학을 포괄할 수 있다는 뜻일까? 모든 것이 물리적 입자로 구성되어 있으니, 만일 우리에게 완전한 물리학이 있어서 그것이 우주에 있는 모든 물리적 입자의 행동을 완벽하게 예측하도록 해준다면, 다른 모든 과학은 틀림없이 군더더기 신세가 될까? 철학자 대부분은 이런 사고방식에 저항한다. 어쨌거나 생물학과 경제학에서 설명하는 것들을 어느 날부터 물리학이 설명할 수 있을지도 모른다는 의견은 말도 안 되는 것 같다. 물리학의 법칙들에서 생물학이나 경제학의 법칙들을 곧장 도출하리라는 전망은 매우 아득해 보인다. 미래의 물리학이 어떤 모습이건 물리학이 경제 침체를 예측할 가능성은 희박해 보인다. 생물학이나 경제학 같은 과학은 물리학으로 환원될 수 있기는 커녕, 대체로 물리학에 대해 자율적인 것 같다.

이는 철학적 난제로 이어진다. 궁극적으로 물리적 실체를 연구하는 어떤 과학이 어떻게 물리학으로 환원되지 않을 수 있을까? 상위 과학들이 실은 물리학에 대해 자율적이라는 것은 인정하는데 이것이 어떻게 가능할까? 어떤 철학자들에 따르면 그 답은 상위 과학이 연구하는 대상은 물리적 수준에서 '복수로 실현된다'는 사실에 있다. 복수 실현의 발상을 보여주는 예로 재떨이 수집품을 상상해보자. 재떨이 하나하나는 우주 안의 다른 모든 것과 마찬가지로 명백히 물리적 실체이다. 하지만 재떨이들의 물리적 조성은 매우 다를 수 있다. 어떤 것은 유리, 어떤 것은 알루미늄, 어떤 것은 플라스틱으로 만들어졌을지도 모른다는 말이다. 그리고 재떨이들은 아마 크기, 모양, 무게도 제각각 다를 것이다. 재떨이가 가질 수 있는 서로 다른 물리적 속성의 범위에는 사실상 한계가 없다. 그래서 순수하게 물리적인 용어로 '재떨이'라는 개념을 정의하기는 불가능하다. 물리학의 언어에서 가져온 표현으로 빈 칸을 채울 때, 'x가 …일 때 그리고 오로지 …일 때에만 x는 재떨이이다'라는 형태로 참인 진술은 찾을 수 없다. 이는 재떨이가 물리적 수준에서 복수로 실현된다는 뜻이다.

철학자들은 흔히 왜 심리학은 물리학이나 화학으로 환원될 수 없는가를 설명하기 위해 복수 실현을 들먹여왔지만, 원리적으로 이 설명은 어느 상위 과학에도 유효하다. 예컨대 신경 세포는 피부 세포보다 수명이 길다는 생물학적 사실을 생각해보자. 세포는 물리적 실체이니 이 사실은 어느 날 물리학으로 설명되리라 생각할지도 모른다. 그러나 세포는 미시물리 수준에서는 거의 확실히 복수 실현된다. 세포도 결국은 원자로 이루어져 있지만 서로 다른 세포에 들어 있는 원자들의 정밀한 배열은 매우 다를 것이다. 그러므로 '세포'라는 개념은 기본 물리학에서 뽑은 용어로 정의할 수 없다. 미시물리학에서 가져온 표현으로 빈 칸을 채울 때, 'x가 …일 때 그리고 오로지 …일 때에만 x는 세포이다'라는 형태로 참인 진술은 없다. 이 말이 옳다면 이는 왜 신경 세포가 피부 세포보다 오래 사는가를, 아니 실은 세포에 관한 다른 어떤 사실도 기본 물리학으로는 결코 설명할 수 없으리라는 뜻이다. 세포 생물학의 어휘와 물리학의 어휘는 요구되는 방식으로 서로 연관되지 않는다. 이렇게 해서 우리에게는 왜 세포가 물리적 실체라는 사실에도 불구하고 세포 생물학은 물리학으로 환원될 수 없는가에 대한 설명이 생긴다. 모든 철학자가 복수 실현의 학설에 만족하는 것은 아니지만, 상위 과학들이 물리학으로부터도 서로로부터도 간직하고 있는 자율성을 이 학설이 깔끔하게 설명해줄 것 같기는 하다.

제 4 장

실재론과 반실재론

철학에는 **실재론**과 **관념론**이라는 양대 사유 학파 사이의 오래된 논쟁이 있다. 실재론은 물리적 세계가 인간의 사고 및 지각과 관계없이 존재한다고 여긴다. 관념론은 이를 부인한다. 다시 말해 물리적 세계가 모종의 방식으로 인간의 의식 활동에 달려 있다고 주장한다. 사람들 대부분에게는 관념론보다 실재론이 더 그럴듯해 보인다. 실재론은 세계에 관한 사실들이 '저기 밖에서' 우리에 의해 발견되기를 기다리고 있다는 상식적 견해와 잘 들어맞기 때문이다. 아닌 게 아니라 관념론은 분명 바보같이 들릴 수 있다. 돌이나 나무는 설령 인류가 멸종한다고 해도 계속해서 존재할 텐데, 어떤 의미에서 그것들의 존재가 인간의 마음에 달려 있다는 말인가? 실은 그 쟁점은 이보다는 좀더 미묘하고, 오늘날도 계속해서 철학자들이 논쟁하고 있다.

전통적인 실재론/관념론 쟁점은 **형이상학**이라 불리는 철학의 한 영역에 속하기도 하지만, 과학과는 딱히 아무 상관도 없었다. 이 장에서 우리의 관심사는 과학에 특정해서 벌어지는 현대의 논쟁인데, 어떤 면에서는 전통적 쟁점과 유사하다. 이 논쟁은 **과학적 실재론**으로 알려진 입장과 **반실재론** 또는 **도구주의**로 알려진 반대 입장 사이의 논쟁이다. 이제부터 우리는 '실재론'이라는 낱말을 과학적 실재론이라는 뜻으로, '실재론자'는 과학적 실재론자라는 뜻으로 사용할 것이다.

과학적 실재론과 반실재론

과학적 실재론의 기본 발상은 간단하다. 실재론자는 과학의 목표가 세계를 참되게 묘사하는 것이라고, 그리고 그 목표가 흔히 달성된다고 여긴다. 그러므로 실재론자들에 따르면, 좋은 과학 이론은 세계가 존재하는 방식을 참되게 묘사하는 이론이다. 이는 상당히 무해한 신조처럼 들릴 것이다. 과학의 목표가 세계를 거짓되게 묘사하는 것이라고 생각하는 사람은 분명 아무도 없을 테니 말이다. 하지만 반실재론자의 생각은 그게 아니다. 반실재론자는 과학의 목표가 **경험적으로 적절한**,

곧 실험과 관찰의 결과를 올바르게 예측하는 이론들을 찾는 것이라고 여긴다. 어떤 이론이 완벽한 경험적 적절성을 갖춘다면 더 나아가 그것이 세계를 참되게 묘사하느냐고 묻는 것은 반실재론자에게는 쓸모없는 일이다. 실은 이 질문은 말도 안 된다고 논하는 사람들도 있다.

실재론과 반실재론의 차이는 실재의 관찰 불가능한 영역에 관한 주장을 내세우는 과학에서 가장 두드러진다. 물리학이 명백한 예이다. 물리학자는 원자, 전자, 쿼크, 렙톤 등 야릇한 입자들에 관한 이론을 내놓지만, 그 가운데 어떤 입자도 관찰이라는 낱말의 평범한 의미로는 관찰할 수 없다. 게다가 이러한 이론은 전형적으로 매우 수학적인 언어로 표현된다. 그러므로 물리 이론들은 비과학자가 세계를 보고 내놓는 상식적 묘사와는 다소 다르다. 그럼에도 불구하고 이러한 이론은 세계—아원자 세계—를 묘사하려는 시도가 맞다는 것, 그리고 그 시도의 성공 여부를 판단하는 척도는 그 이론들이 세계에 관해 하는 말이 참이냐 아니냐라는 것이 실재론자들의 논변이다. 이런 면에서, 과학 이론과 세계의 상식적 묘사는 동등하다.

반실재론자들은 진실성이 아니라 경험적 적절성이 과학적 이론화의 진짜 목표라고 주장한다. 물리학자들은 관찰 불가능한 실체들에 관해 떠들 수도 있지만 그 실체들은 단지 관찰 가능한 현상들을 예측하기 위해 도입한 **편리한 허구**일 뿐이다. 예를 들어 기체의 운동론을 다시 생각해보자. 이 이론은 부피가 얼마건 기체 안에는 움직이고 있는 매우 작은 실체가 잔뜩 들어 있다고 말한다. 이 실체—분자—는 관찰이 불가능하다. 운동론에서 우리는 기체의 관찰 가능한 행동에 관한 다양한 결론, 예컨대 기체의 표본을 가열하면 압력이 일정할 경우 기체의 부피가 팽창할 것이라는 결론을 도출할 수 있고, 이 결론은 실험적으로 입증할 수 있다. 반실재론자에 따르면 운동론에서 관찰 불가능한 물리적 실체를 상정하는 유일한 목적은 이런 종류의 결과를 도출하는 것이다. 기체 안에 운동하는 분자들이 정말로 들어 있느냐는 중요하지 않다. 운동론의 의도는 숨겨진 사실을 참되게 묘사하는 것이 아니라, 단지 관찰 결과를 예측하는 편리한 방법을 제공하는 것이다. 여기서 왜 반실재론이 때로는 '도구주의'라 불리는지 알 수 있다. 과학 이론을 실재의 바탕에 깔린 본성을 묘사하려는 시도라고 여기는 게 아니라, 우리가 관찰되는 현상을 예측하도록 돕기 위한 도구라고 여기기 때문이다.

실재론/반실재론 논쟁은 과학의 목표에 관한 것이니 간단히 과학자들에게 물어보면 해결될 거라고 생각할지도 모르겠다. "과학자들에게 그들의 목표에 관해 묻는 여론 조사를 하지 그래요?" 이 제안은 요점을 놓친 것이다. '과학의 목표'라는 표현을 너무 문자 그대로 받아들였다는 말이다. 과학의 목표가 무엇이냐고 물을 때 우리는 과학자 개인들의 목표를 묻는 게 아니라, 과학자들이 하는 말과 행동을 어떻게 이해하는 게—과학 사업을 어떻게 해석하는 게—최선인가를 묻는 것이다. 실재론/반실재론 논쟁에 관한 과학자들 개인의 견해를 알아보는 일도 물론 흥미롭겠지만, 이 쟁점은 결국 철학적 쟁점이다.

반실재론에 찬성하는 한 가지 동기는 우리는 실재의 관찰 불가능한 부분에 대한 지식을 얻을 수 없다—인간의 이해력 너머에 있다—는 믿음에서 생겨난다. 이 비관적 믿음은 경험주의에서 비롯된다. 이 철학적 신조에 따르면 인간의 지식은 원론적으로 경험할 수 있는 것으로 제한된다. 과학에 적용한 경험주의 신조는 우리의 관찰 능력이 과학 지식의 한계를 정한다는 견해가 된다. 그래서 과학은 우리에게 화석, 나무, 설탕 결정에 대한 지식은 줄 수 있지만 원자, 전자, 쿼크에 대한 지식은 줄 수 없다. 이 견해가 전혀 얼토당토않은 것은 아니다. 화석과 나무의 존재는 아무도 진지하게 의심할 수 없겠지만, 원자와 전자의 경우는 그렇지 않기 때문이다. 앞 장에서 보았듯이 실제로 19세기 말에는 많은 선도적인 과학자가 원자의 존재를 의심했다. 이러한 견해를 받아들이는 사람이라면 과학 지식이 관찰 가능한 것에 한정된다면 왜 과학자들은 관찰 불가능한 실체에 관한 이론들을 제기하는지 분명한 설명을 내놓아야 한다. 반실재론자들이 내놓는 설명은 관찰 가능한 세계에 있는 것들의 행동을 예측하는 데 도움을 주려고 만든 편리한 허구가 그 이론들이라는 것이다.

실재론자는 우리의 관찰 능력이 과학 지식을 한정한다는 의견에 동의하지 않는다. 반대로 우리는 이미 관찰 불가능한 실재에 상당한 지식을 가지고 있다고 믿는다. 그러한 이론들은 참이라고 믿을 만한 이유가 있는데, 그러한 이론들이 관찰 불가능한 실체에 관해 이야기하기 때문이다. 예컨대 모든 물질은 원자로 이루어져 있다고 말하는 물질의 원자론을 생각해보자. 원자론으로 세계에 관한 광대한 범위의 사실을 설명할 수 있다. 실재론자들은 이를 이 이론이 참이라는 증거, 즉 물질은 정말로 그 이론대로 행동하는 원자들로 이루어져 있다는 훌륭한 증거로 여긴다. 물론 이 이론은 유리해 보이는 증거에도 불구하고 거짓**일지도 모른다**. 어떤 이론이나 마찬가지이다. 그러나 단지 원자들이 관찰 불가능하다는 것만으로 결코 원자론을 시도된 실재의 묘사—그리고 어느 모로 보나 매우 성공한 묘사—가 아닌 어떤 것으로 해석할 이유는 없다.

반실재론에 찬성하는 다른 동기는 세계에 관한 평범한 묘사에는 없는 어떤 특이성이 과학 이론에 있다는 사실에서 생긴다. 많은 과학적 이론화에는 흔히 수학적 언어로 표현되는 모형 세우기가 수반된다. 그러한 모형은 전형적으로 이상화하는 가정을 한다. 가정은 실세계의 짝퉁인 줄 알지만 모형을 다루기 쉽게 유지하려면 꼭 필요하다. 예컨대 경제학에서 많은 모형이 행위자는 완벽하게 합리적이며, 완벽한 정보를 가지고 있으며, 자신의 효용을 극대화하는 결정을 내린다고 가정한다. 실제로 사람들이 그러지 않음을 알지만, 경제학자는 그래도 자신의 모형이 실세계 경제를 이해하는 데 도움을 주리라 기대한다. 마찬가지로 진화생물학의 많은 모형이 개체군의 크기는 무한하며 짝짓기는 무작위로 이루어진다고 가정한다. 이러한 가정은 수학을 엄청나게 단순화한다. 어떠한 실제 개체군도 이러한 가정을 만족시키지 않지만, 생물학자는 자기 모형이 설명력을 가질 만큼만 그 가정이 실재에 가깝기를 바란다. 반실재론자들은 과학에 이상화된 모형이 널리 퍼져 있다는 사실이 그들의 견해를 뒷받침한다고 논변한다. 거짓인 줄 아는 가정이 포함된 모형을 세계를 참되게 묘사하려는 시도로 여기는 것은 말도 안 된다고 주장한다. 그러한 모형의 목표는 진실성이 아니라 경험적 적절성이다.

실재론자들은 이 논증을 결정적이라고 여기지 않는다. 과학적 이론화에서 이상화된 모형이 한몫을 한다고 해서, 과학은 진실을 목표로 한다는 발상이 철저하게 무너지지는 않는다는 것이다. 그 대신 실재론자들은 그러한 모형의 목적이 정확한 진실이 아니라 가까운 진실임을 받아들여야 한다고 논변한다. 예컨대 기후변화의 수학적 모형을 생각해보자. 그러한 모형은 정확한 진실이 아닌 줄 알면서도 단순화하는 많은 가정, 예컨대 화석연료가 이산화탄소의 유일한 출처라는 가정을 끌어들일 것이다. 그렇다고 해서 그 모형이 **오로지** 올바른 예측만을 목표로 한다는 뜻은 아니다. 그 모형은 기후변화에 실제로 영향을 끼치는 숨겨진 인과적 요인들을 진실에 가깝게 기술하는 것도 목표로 한다. 좋은 기후변화 모형이라면 틀림없이 예측에 성공해야겠지만, 신정한 목표는 기후에 미치는 진정한 인과적 영향들을 최대한 정확하게 표현하는 모형을 고안하는 것이다. 이상화된 모형은 결코 세계를 문자 그대로 진실하게 묘사하지 못하겠지만, 충분히 가까울 수 있다는 게 실재론자들의 논변이다.

'기적 불가' 논증

관찰 불가능한 실체를 상정하는 많은 이론이 경험적으로 성공한 이론이다. 거시적 대상들의 행동을 기막히게 예측한다는 말이다. '과학적 실재론과 반실재론' 절에서 기술한 기체의 운동론이 일례이고, 다른 사례도 많이 있다. 게다가 이 이론들은 대체로 기술적 응용성을 갖추고 있다. 예컨대 레이저 기술은 원자 안의 전자들이 에너지가 높은 상태에서 낮은 상태로 갈 때 일어나는 일에 관한 이론을 기반으로 한다. 그리고 레이저는 작동한다. 우리로 하여금 근시를 교정하고, 고품질 문서를 인쇄하고, 유도 미사일로 적을 공격하고, 그 밖에도 많은 일을 하도록 해준다. 레이저 기술을 뒷받침하는 이론은 그러므로 경험적으로 지극히 성공한 이론이다.

관찰 불가능한 실체를 상정하는 이론들이 경험적으로 성공했다는 사실은 과학적 실재론을 위한 강력한 변론 중 하나인 '기적 불가(no miracles)' 논증의 기초이다. 선도적인 미국의 철학자 힐러리 퍼트넘(Hilary Putnum)이 맨 처음 형식화한 이 논증에 따르면 전자와 원자에 관해 이야기하는 이론이 관찰 가능한 세계를 정확하게 예측한다면 그것은—전자와 원자가 실제로 존재하지 않는 한—굉장한 우연의 일치일 것이다. 원자와 전자가 없다면 그 이론이 경험적 데이터에 꼭 들어맞는다는 것을 무슨 수로 설명할까? 마찬가지로 문제의 이론들이 참이라고 가정하지 않는다면, 우리의 이론들이 낳아온 기술적 진전은 어떻게 설명할까? 반실재론자들이 우기는 대로 원자와 전자란 '편리한 허구'일 뿐이라면 레이저는 왜 작동할까? 이 견해에 따르면 반실재론자가 되는 것은 기적을 믿는 것과 흡사하다. 기적과 무관한 대안을 구할 수 있다면 기적은 믿지 않는 편이 명백히 더 나으므로, 우리는 과학적 실재론자가 되어야 한다. 이 논증의 목적은 실재론이 옳고 반실재론은 그르다는 것을 **증명**하는 게 아니다. 이 논증은 개연성 논증—최선의 설명으로의 추론—이다. 여기서 설명할 현상은 관찰 불가능한 실체를 상정하는 많은 이론이 높은 수준의 경험적 성공을 누린다는 사실이다. 이 사실에 대한 최선의 설명은 그 이론들이 참이라는 것—문제의 실체들이 정말로 존재하며, 그 이론 그대로 행동한다는 것—이 '기적 불가' 논증 옹호자들의 말이다. 이 설명을 받아들이지 않는 한, 우리 이론들의 경험적 성공은 설명되지 않는 미스터리가 된다.

기적 불가 논증에 대한 반실재론자의 한 가지 답변은 과학의 역사에 호소한다. 역사적으로 당시에는 경험적으로 성공했지만 나중에 틀린 것으로 드러난 이론의 사례가 많다는 것이다. 1980년대부터 잘 알려진 논문에서 미국의 과학철학자 래리 로던(Larry Laudan)은 그러한 이론의 사례를 다양한 과학 분야와 다양한 시대에서 서른 가지 이상 뽑아 나열한다. 플로지스톤 연소 이론도 그중 하나이다. 18세기 말까지 널리 인정되었던 이 이론은 모든 물체가 연소할 때 '플로지스톤'이라 불리는 물질을 공기 중으로 내보낸다고 여겼다. 현대 화학은 우리에게 이것이 거짓이라고 가르친다. 플로지스톤 같은 물질이 있는 게 아니라, 물질이 공기 중에서 산소와 반응하면 연소가 일어난다고 말이다. 하지만 플로지스톤이 존재하지 않음에도 불구하고, 플로지스톤 이론은 경험적으로 꽤 성공한 이론이었다. 당시에는 구할 수 있는 데이터와 상당히 잘 들어맞았으니 말이다.

이런 사례가 과학적 실재론을 위한 기적 불가 논증이 너무 성급함을 시사한다. 이 논증의 지지자들은 오늘날의 과학 이론들이 거두는 경험적 성공을 그 이론들이 참이라는 증거로 여긴다. 하지만 과학의 역사는 경험적으로 성공한 이론들이 흔히 거짓으로 드러났음을 보여준다. 그러므로 같은 운명이 오늘날의 이론에 닥치지 않으리라는 것을 어떻게 알겠는가? 예컨대 물질의 원자론은 플로지스톤 이론과 같은 길을 가지 않으리라는 것을 어떻게 안다는 말인가? 반실재론자들은 과학의 역사에 조금만 주의를 기울여도 경험적 성공으로 이론이 참이라는 추론에 다다르는 것은 다소 불안정하다고 주장한다. 원자론을 향한 합리적 태도는 따라서 불가지론의 태도이다. 원자론은 참일 수도 있고 아닐 수도 있지만, 우리는 전혀 모른다는 게 반실재론자들의 말이다.

이는 기적 불가 논증에 대한 강력한 논박이지만 결정적인 것은 아니다. 실재론자들은 논증을 두 가지 방식으로 수정해 대응했다. 첫번째 수정판은 어느 이론의 경험적 성공은 관찰 불가능한 세계에 관해 그 이론이 참에 가깝다는 증거이지, 정확히 참이라는 증거는 아니라고 주장하는 것이다. 이렇게 약화된 주장은 과학사에 등장하는 반례들에 덜 취약하다. 더 겸손하기도 하다. 실재론자들이 오늘날의 과학 이론들이 속속들이 옳지는 않을 것임을 인정하면서도, 여전히 넓게는 옳은 노선상에 있다는 의견을 유지하도록 해주니 말이다. 우리가 보았듯이, 실재론자들은 이상화된 모형을 설명하려면 어쨌거나 가까운 참의 관념이 필요하다. 기적 불가 논증의 두번째 수정판은 경험적 성공의 관념을 다듬은 것이다. 어떤 실재론자들은 경험적 성공이란 단지 알려진 관찰 데이터에 들어맞느냐 하는 문제가 아니라, 우리로 하여금 이전에는 알려져 있지 않았던 **새로운** 관찰 결과를 예측하도록 해주느냐 하는 문제라고 여긴다. 더 엄격해진 이 기준을 적용하면 경험적으로 성공했지만 나중에 거짓으로 드러난 이론의 역사적 사례를 찾기는 쉽지 않다.

이러한 개선이 정말로 기적 불가 논증을 구할 수 있느냐 없느냐는 논쟁의 여지가 있다. 역사적 반례의 수를 줄이는 것은 확실하지만, 0으로 만드는 것은 아니다. 남아 있는 것 중 하나는 1690년에 크리스티안 하위헌스(Christian Huygens)가 처음 내놓은 빛의 파동 이론이다. 이 이론에 따르면 빛은 우주 전체에 퍼져 있다고 추정되는 에테르라는 보이지 않는 매질 안에서 물결과 같은 진동으로 이루어진다. (파동 이론의 경쟁 상대이자 뉴턴이 찬성한 빛의 입자 이론은 빛이 광원에서 방출되는 매우 작은 입자들로 이루어진다고 여겼다.) 파동 이론은 프랑스의 물리학자 오귀스탱 프레넬(Augustin Fresnel)이 1815년에 이론을 수학적 형태로 공식화하고 이를 적용해 놀랍고 새로운 광학 현상들을 예측해내자 널리 받아들여졌다. 광학 실험들로 프레넬의 예측이 옳음이 확인되자, 19세기의 많은 과학자가 빛의 파동 이론은 참이어야 함을 납득했던 것이다. 하지만 현대 물리학이 우리에게 말하는 바로는 이 이론은 참이 아니다. 에테르 같은 것은 없으며 빛은 그 안에서 일어나는 진동으로 이루어지지 않는다. 다시 우리에게는 거짓이지만 경험적으로 성공한 이론의 사례가 생긴다.

이 사례의 중요한 특징은 기적 불가 논증의 수정판에조차 불리하게 작용한다는 것이다. 프레넬의 이론은 새로운 예측을 했고, 더 엄격한 경험적 성공의 관념으로 봐도 경험적으로 성공한 이론의 자격이 있기 때문이다. 그리고 프레넬의 이론이 존재하지 않는 에테르의 발상을 기반으로 했음을 고려하면, 그 이론을 어떻게 '참에 가깝다'라고 말할 수 있는지 이해하기 힘들다. 어느 이론이 참에 가깝다는 게 정확히 무엇을 의미하건, 그 이론이 이야기하는 실체가 정말로 존재한다는 것이 필요조건임은 틀림없다. 간단히 말해 프레넬의 이론은 이 관념의 엄격한 해석에 따른다 해도 경험적으로는 성공했지만, 참에 가까운 것조차도 아니었다. 반실재론자들이 말하는 이 이야기의 교훈은 현대의 과학 이론들이 너무도 경험적으로 성공했다는 이유만으로 우리가 그 이론들이 대충이라도 올바른 노선상에 있다고 가정해서는 안 된다는 것이다.

그러므로 기적 불가 논증이 과학적 실재론을 위한 훌륭한 변론이냐 아니냐는 아직 해결되지 않은 문제이다. 한편으로 이 논증은 과학사에서 비롯되는 심각한 도전에 무방비로 노출되어 있다. 반면에 이 논증에는 직관적으로 설득력 있는 뭔가가 있다. 원자와 전자라는 실체를 상정하는 이론들이 거둔 경이로운 성공을 고려하면, 원자와 전자가 존재하지 않을지도 모른다는 생각을 받아들이기는 정말로 어렵다. 하지만 과학사에서 보듯이 현재의 과학 이론이 데이터와 아무리 잘 들어맞아도 그것을 참이라고 가정하는 문제에 관해서는 신중을 기해야 한다. 많은 과학자가 과거에 그렇게 가정해왔고 틀렸다는 게 입증되어왔다.

관찰 가능한 것/관찰 불가능한 것의 구분

실재론 대 반실재론 논쟁의 중심에는 관찰 가능한 것과 관찰 불가능한 것의 구분이 있다. 지금까지 우리는 단순히 이 구분을 당연시해왔다. 탁자와 의자는 관찰 가능하고, 원자와 전자는 그렇지 않다고 말이다. 하지만 실은 이 구분이 철학적으로는 꽤 골칫거리다. 실제로 과학적 실재론을 위한 주요 변론 중 하나는 관찰 가능한 것과 관찰 불가능한 것을 원칙에 입각해 구분하는 일이 가능하지 않다는 말이다.

왜 이것이 과학적 실재론을 위한 변론이어야 할까? 반실재론자들은 과학이 우리에게 관찰 불가능한 실재의 지식은 줄 수 없다고 여기는데, 이 입장은 관찰할 수 있는 것과 관찰할 수 없는 것 사이에 명확한 구분이 있다고 전제하기 때문이다. 그런데 이렇게 만족스럽게 구분할 수 없다면 반실재론은 명백히 심각한 어려움에 빠지게 된다. 그래서 과학적 실재론자는 흔히 관찰 가능한 것과 관찰 불가능한 것을 구분하는 문제를 강조하고 싶어 안달한다.

그중 한 가지 문제가 관찰과 탐지의 관계이다. 전자 같은 실체는 분명 평범한 감각으로는 관찰할 수 없다. 입자 검출기라 불리는 특수 장치로 탐지할 수 있다. 가장 단순한 입자 검출기는 안개상자, 즉 수증기로 포화된 공기가 가득한 밀폐 용기이다.(그림 5) 전자처럼 전기를 띤 입자가 상자를 통과하면 공기 중에 있는 중성의 원자들과 충돌하면서 원자를 이온으로 바꾸고, 이러한 이온 주위에서 수증기가 응축해 물방울이 형성되는 것을 맨눈으로 볼 수 있다. 그리고 이 물방울의 자취를 지켜보면 안개상자를 통과하는 전자의 경로를 추적할 수 있다. 이것이 어쨌거나 전자를 관찰할 수 있다는 뜻일까? 철학

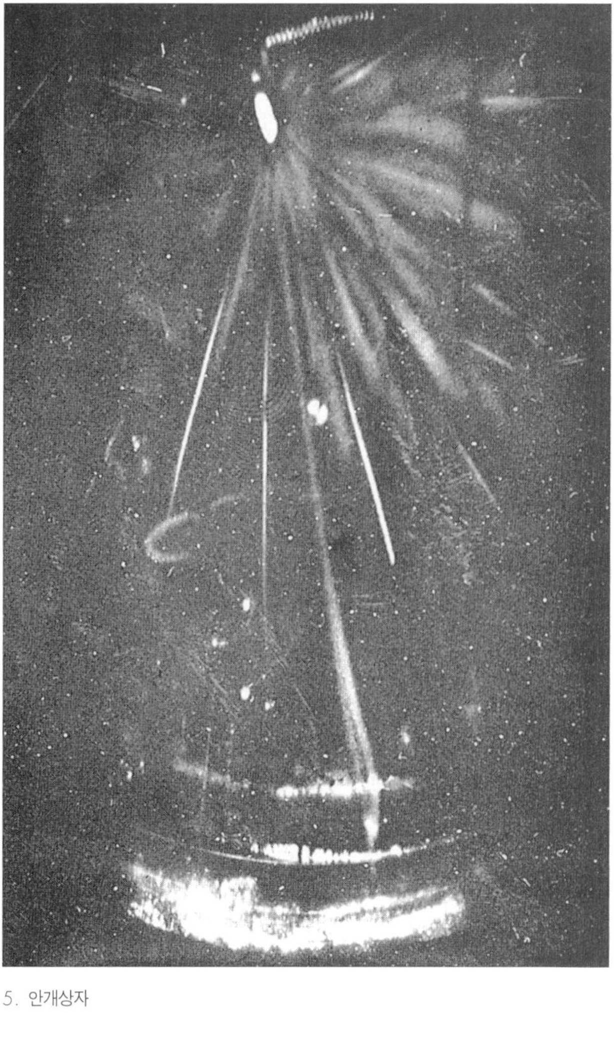

5. 안개상자

자 대부분은 아니라고, 안개상자는 우리가 전자를 탐지하도록 해줄 뿐 직접 관찰하도록 해주지는 않는다고 말할 것이다. 거의 같은 식으로 고속 제트기도 뒤에 남기는 수증기의 자취로 탐지할 수 있지만, 이러한 자취를 지켜보는 것이 제트기를 관찰하는 것은 아니다. 하지만 관찰을 탐지와 구분하는 법이 언제든 명확할까?

1960년대 초부터 잘 알려진 어느 과학적 실재론을 위한 변론에서 미국의 철학자 그로버 맥스웰(Grover Maxwell)은 반실재론자들에게 다음과 같은 문제를 제기했다. 다음 일련의 사례를 생각해보자. 뭔가를 맨눈으로 보기, 뭔가를 창문으로 보기, 뭔가를 돋보기로 보기, 뭔가를 쌍안경으로 보기, 뭔가를 저배율 현미경으로 보기, 뭔가를 고배율 현미경으로 보기……. 이러한 사례들은 매끄러운 연속선상에 있다는 것이 맥스웰의 논변이었다. 그러니 이 중에서 어떤 것은 관찰했다고 치고 어떤 것은 관찰한 게 아니라고 치는 판단은 어떻게 내려야 할까? 가령 생물학자는 고배율 현미경으로 미생물을 관찰할 수 있는 것인가, 아니면 물리학자가 안개상자에서 전자의 존재를 탐지하듯 미생물의 존재를 탐지만 할 수 있는 것인가? 뭔가를 정교한 과학 기구의 도움을 받아 겨우 볼 수만 있다면, 그것을 관찰 가능하다고 쳐야 하는가 아니면 관찰 불가능하다고 쳐야 하는가? 기기가 얼마만큼 정교해야 관찰하기가 아닌 탐지하기의 사례가 되는 것인가? 맥스웰은 원칙에 따라 이러한 질문에 답할 방법이 없으므로, 관찰 가능한 것 아니면 관찰 불가능한 것 둘 중 하나로 실체를 분류하려는 반실재론자의 시도는 실패할 운명이라고 논변했다.

맥스웰의 논증은 과학자들 스스로 종종 정교한 장치의 도움을 받아 입자 '관찰하기'에 관해 이야기한다는 사실에 의해 힘을 얻는다. 철학 문헌에서는 전자를 대개 관찰 불가능한 실체의 범례로 여기지만, 과학자는 흔히 한 치의 거리낌도 없이 입자 검출기를 써서 전자 '관찰하기'에 관해 이야기한다. 물론 이 점이 철학자들은 틀렸다는 것과 전자는 어쨌거나 관찰 가능하다는 것을 증명하지는 않는다. 과학자들의 이야기는 상투어로 여기는 게 최선일 것이기 때문이다. 마찬가지로 제2장에서 보았듯이 과학자들이 어떤 이론을 '실험적으로 증명'했다고 이야기한다는 사실도 실험이 이론의 참됨을 정말로 증명할 수 있음을 의미하지는 않는다. 그럼에도 불구하고 만일 반실재론자들이 우기듯 철학적으로 중요한 관찰 가능/관찰 불가능의 차이가 정말로 있다면, 그것이 과학자들 자신이 말하는 방식과 그토록 심하게 어긋나는 것은 이상한 일이다.

맥스웰의 논증은 강력하지만 결정적인 것은 아니다. 현대의 선도적인 반실재론자 바스 반 프라센(Bas van Fraassen)은 맥스웰의 논증이 '관찰 가능'이 모호한 용어임을 보여줄 뿐이라고 주장한다. 모호한 용어란 경계 사례들을 가진 용어이다. '대머리'가 명백한 일례이다. 탈모는 점진적으로 오므로 대머리인지 아닌지 말하기 어려운 사람도 많다. 그러나 반 프라센은 모호한 용어들도 완벽하게 사용 가능하며 세상에 있는 진짜 차이를 표시할 수 있다는 점을 지적한다. 아무도 단지 '대머리'가 모호하다는 이유로 대머리와 털북숭이의 구분은 비현실적이라고 반박하지는 않을 것이다. 대머리와 털북숭이 사이에 뚜렷한 경계선 긋기를 시도한다면 임의적인 일이 될 게 확실하다. 하지만 대머리인 사람과 대머리가 아닌 사람의 명확한 사례들이 있으므로, 뚜렷한 경계선 긋기의 불가능성은 중요하지 않다.

반 프라센에 따르면 '관찰 가능'에도 정확히 같은 논리가 적용된다. 예컨대 의자와 같은 관찰할 수 있는 실체, 그리고 예컨대 전자와 같은 관찰할 수 없는 실체의 명확한 사례들이 있다. 맥스웰의 논증은 문제의 실체를 관찰할 수 있는지 아니면 탐지만 할 수 있는지가 확실치 않은 경계 사례들도 있다는 사실을 강조한다. 그러므로 우리가 관찰 가능한 실체와 관찰 불가능한 실체 사이에 뚜렷한 경계선을 그으려 한다면, 피할 수 없이 다소 임의적인 일이 될 것이다. 하지만 이것이 대머리의 경우처럼 관찰 가능한 것/관찰 불가능한 것의 구분은 비현실적이라는 것을 보여주지는 않는다.

이는 얼마나 강력한 논증일까? 경계 사례들이 존재하고 그 결과 임의성 없이는 뚜렷한 경계선 긋기가 불가능하다고 해서 관찰 가능한 것/관찰 불가능한 것의 구분이 비현실적이지는 않다는 점에서 반 프라센이 아마도 옳을 것이다. 여기까지는 그의 논증이 맥스웰에게 맞서는 데 성공한다. 그러나 관찰 가능한 것과 관찰 불가능한 것 사이에 현실적 차이가 있음을 보여주는 것과, 그 차이가 반실재론자들이 부여하는 중요성을 얻을 자격이 있음을 보여주는 것은 다른 문제이다. 관찰 불가능한 실체의 명확한 사례들이 있고 반실재론자는 그것만으로도 충분히 잘 지낼 수 있다는 반 프라센의 논점을 인정한다고 해도, 반실재론자들은 관찰 불가능한 실재에 관해 아는 것은 불가능하다는 생각마저도 변론해야 한다.

과소결정 논증

그러한 변론 하나는 과학자들의 경험적 데이터와 이론 사이의 관계에 초점을 맞춘다. 반실재론자들은 과학 이론이 책임지는 경험적 데이터가 관찰 가능한 실체와 과정에 관한 사실들로 이루어진다는 것을 강조한다. 예를 들어 모든 기체 표본은 운동하는 분자로 이루어져 있다고 말하는 기체의 운동론을 다시 생각해보자. 그러한 분자는 관찰이 불가능하다. 그러므로 우리는 다양한 기체 표본을 직접 관찰하는 방법으로 이론을 시험할 수 있는 게 아니라 직접 시험할 수 있는 어떤 진술을 이론에서 도출해야 하고, 그 진술은 어김없이 관찰 가능한 실체에 관한 진술이 될 것이다. 우리가 보았듯이 운동론은 기체 표본을 가열했을 때 기체가 팽창한다는 진술을 함축한다. 이 진술은 실험실에서 관련 장치에 나타나는 측정치를 관찰함으로써 직접 시험할 수 있다. 이 사례가 관찰 가능한 현상에 관한 사실들이 관찰 불가능한 실체와 과정을 상정하는 이론들을 위한 궁극적 데이터를 제공한다는 보편적 진상을 보여준다.

그런 다음 반실재론자들은 경험적 데이터는 과학자들이 그것을 기초로 내놓는 이론을 '과소결정한다(underdetermine)'고 논변한다. 무슨 뜻일까? 원리적으로 서로 달라서 양립할 수 없는 많은 이론이 그 데이터를 설명할 수 있다는 뜻이다. 운동론의 경우 반실재론자들은 이렇게 말할 것이다. 경험적 데이터의 한 가지 가능한 설명은 운동론처럼 기체에 다수의 움직이는 분자가 들어 있다는 것이다. 하지만 그들은 운동론과 모순되는 그 밖의 가능한 설명들도 있다고 단언할 것이다. 그러므로 반실재론자들에 따르면 관찰 불가능한 실체를 상정하는 과학 이론들은 경험적 데이터에 의해 **과소결정**된다. 그 데이터를 똑같이 잘 해명할 수 있는 경쟁 이론이 얼마쯤은 언제나 있으리라는 말이다.

왜 과소결정 논증이 과학에 대한 반실재론적 견해를 뒷받침하는지는 쉽게 이해할 수 있다. 어느 과학자가 관찰 불가능한 실체에 관한 어느 이론이 광범위한 경험적 데이터를 설명할 수 있다는 것을 근거로 그 이론을 옹호한다고 하자. 그러나 서로 양립할 수 있는 다른 이론들이 똑같이 그 데이터를 해명할 수 있다면, 그 과학자의 신뢰는 대상이 잘못된 것이다. 무슨 이유로 그 과학자가 대체 이론들 가운데 하나가 아니라 그의 이론을 선호해야 하는가? 과소결정은 자연스럽게 불가지론이 실재의 관찰 불가능한 영역에 관한 이론에 취할 합리적 태도라는 반실재론적 결론으로 이어진다.

그러나 반실재론자들이 우기듯이 경험적 데이터는 언제나 다수의 이론으로 설명될 수 있다는 말이 참일까? 실재론자는 대개 이것이 시시한 의미에서만 참이라고 대답한다. 원론적으로 주어진 관찰 결과의 집합에 대해 가능한 설명은 언제나 하나 이상 있을 것이다. 하지만 그렇다고 해서 이 가능한 설명 모두가 서로 같은 만큼 훌륭한 것은 아니라고 실재론자들은 말한다. 예컨대 한 이론이 다른 이론보다 더 단순할지도 모르고, 다른 과학 분야에서 나온 이론들과 더 잘 들어맞을지도 모르고, 아니면 숨겨진 원인을 더 적게 상정할지도 모른다. 실재론자들에 따르면, 단순한 데이터와의 양립 가능성을 넘어서는 이론 선택의 기준들이 있다는 것을 인정하기만 하면, 과소결정의 문제는 해소된다.

이러한 사고방식은 과학사에 과소결정의 실제 사례가 비교적 드물다는 사실에서 힘을 얻는다. 만약 반실재론자들이 우기는 대로 경험적 데이터가 언제나 서로 다른 많은 이론으로 설명될 수 있다면, 우리는 과학자들이 영원히 서로 의견이 맞지 않는 모습을 보게 되리라 예상해야 마땅하지 않을까? 하지만 그것은 우리가 보게 되는 모습이 아니다. 실은 역사적 기록을 조사해보면 상황은 그러한 예상과는 정반대로 흘러왔다. 과학자들은 그들의 데이터에 대한 다수의 대체 가능한 설명과 마주하기는커녕, 흔히 데이터에 적절히 들어맞는 이론 하나를 찾아내기도 힘들어한다. 이 점이 과소결정은 철학자의 걱정일 뿐 실제의 과학적 관례와는 거의 관계가 없다는 실재론적 견해를 뒷받침해준다.

반실재론자들이 이 답변에 감동할 것 같지는 않다. 어쨌거나 철학적 걱정은 실용적 영향은 거의 없을지라도 여전히 진짜 걱정이다. 게다가 경쟁하는 이론들을 판가름하는 데 단순성 같은 기준을 사용할 수 있다는 의견은 그 즉시 왜 더 단순한 이론이 더 참일 법하다고 생각해야 하느냐는 난처한 문제를 불러들인다. 이 쟁점에 관해서는 제2장에서 간단히 언급했다. 반실재론자들은 전형적으로 단순성 같은 기준을 들이대 데이터에 대한 경쟁하는 설명들을 가려내면 실제로는 과소결정을 제거할 수 있다는 것을 인정한다. 하지만 그러한 기준이 참됨의 믿을 만한 지표라는 생각은 인정하지 않는다. 더 단순한 이론은 다루기가 더 편리하겠지만, 복잡한 이론보다 본질적으로 더 그럴 법한 것은 아니다. 그래서 과소결정 논증은 아직도 유효하다. 원론적으로 경험적 데이터에 대해서는 언제나 복수의 설명이 있고 우리는 어떤 설명이 참인지 알 길이 없으므로, 관찰 불가능한 실재에 대한 지식은 가질 수 없다.

그러나 이야기는 여기서 끝나지 않는다. 실재론의 재기가 한 번 더 남아 있다. 실재론자들은 반실재론자들이 과소결정 논증을 선택적으로 적용한다고 비난한다. 그 논증을 일관적으로 적용하면 관찰 불가능한 세계에 대한 지식뿐만 아니라 **관찰 가능한** 세계의 많은 부분에 대한 지식도 배제한다는 게 실재론자의 말이다. 왜 실재론자들이 이렇게 말하는지 이해하기 위해 관찰 가능한 많은 것이 실제로는 결코 관찰되지 않는다는 점에 유의하자. 예컨대 지구상에 살고 있는 유기체 가운데 엄청나게 많은 것이 결코 인간에 의해 관찰된 적이 없지만 분명히 관찰 가능하다. 아니면 커다란 운석이 지구에 충돌하는 것 같은 사건을 생각해보라. 그러한 사건을 목격한 적이 있는 사람은 아무도 없지만 그러한 사건은 분명 관찰 가능하다. 공교롭게도 적절한 시간에 적절한 장소에 있었던 인간이 한 명도 없었을 뿐이다. 관찰 가능한 것 가운데 실제로 관찰되는 것은 극히 일부일 뿐이다.

요점은 이렇다. 반실재론자들은 실재의 관찰 불가능한 영역이 과학적 지식의 한계 너머에 있다고 주장한다. 그러므로 반실재론자들은 관찰 가능하지만 관찰**되지** 않은 대상과 사건에 대한 지식은 가질 수 있다는 것을 인정한다. 하지만 관찰**되지** 않은 대상과 사건에 관한 이론도 관찰 **가능하지** 않은 것에 관한 이론 못지않게 우리의 데이터에 의해 과소결정된다. 예컨대 어느 과학자가 1987년에 어느 운석이 달을 때렸다는 가설을 내놓는다고 하자. 그는 이 가설을 뒷받침하기 위해 다양한 관찰 데이터를 인용한다. 예컨대 달의 위성사진들이 1987년 이전에는 없었던 커다란 구덩이를 보여준다. 그러나 이 데이터는 대체 가설로 설명할 수 있다. 화산이 폭발해서, 아니면 지진이 나서 구덩이가 팼을 수도 있다는 말이다. 아니 어쩌면 위성사진을 찍은 카메라에 결함이 있었을 뿐, 구덩이 따위는 아예 없는지도 모른다. 그러므로 이 과학자의 가설은—운석이 달을 때리는—거의 완벽하게 관찰 가능한 사건에 관한 것임에도 불구하고 데이터에 의해 과소결정된다. 실재론자들은 과소결정 논증을 일관되게 적용한다면 어쩔 수 없이 우리는 과학이 우리에게 실제로 관찰되었던 것들에 대한 지식밖에는 줄 수 없다는 결론을 내려야 한다고 말한다.

많은 과학철학자가 받아들일 결론은 아니다. 과학자들이 우리에게 말해주는 것의 많은 부분은 관찰된 적이 없는 것들—빙하기, 공룡, 대륙 이동을 생각해보라—이기 때문이다. 관찰되지 않은 것에 대해 아는 게 불가능하다는 말은 과학 지식으로 통하는 대부분의 것이 실제로는 전혀 지식이 아니라는 말이다. 과학적 실재론자들은 이를 들어 과소결정 논증이 틀림없이 잘못되었음을 보여준다. 관찰되지 않은 것에 관한 이론들이 과소결정된다는 사실에도 불구하고, 과학이 우리에게 관찰되지 않은 것에 대한 지식을 주는 것은 분명하므로, 당연히 과소결정은 전혀 지식의 장벽이 아니다. 그러므로 관찰 불가능한 것에 관한 우리의 이론들도 과소결정된다는 사실이 과학은 우리에게 관찰 불가능한 것에 대한 지식을 줄 수 없다는 것을 의미하지는 않는다.

이렇게 논변하는 실재론자들은 사실상 과소결정 문제는 흄의 귀납 문제의 변용일 뿐이라는 말을 하고 있다. 과소결정은 데이터를 대체 이론들로 해명할 수 있음을 뜻한다. 그러나 이는 실질적으로 그 데이터가 그 이론을 함축하지 않는다는 말, 다시 말해 그 데이터에서 그 이론으로 가는 추론은 연역이 아니라는 말일 뿐이다. 그 이론이 관찰 불가능한 실체에 관한 것이냐, 아니면 관찰 가능하지만 관찰되지 않은 실체에 관한 것이냐에 따라 달라지는 것은 아무것도 없다. 상황의 논리는 두 경우 모두에서 똑같다는 말이다. 물론 과소결정 논증은 귀납 문제의 한 형태일 뿐임을 보여주는 것이 그 논증을 무시할 수 있다는 의미는 아니다. 하지만 그것이 관찰 불가능한 실체에 관한 **특수한** 어려움 따위는 없음을 의미하기는 한다. 그러므로 반실재론자들의 입장은 결국 독단적이라는 게 실재론자들의 말이다. 과학이 어떻게 우리에게 원자와 전자에 대한 지식을 줄 수 있는가를 이해하는 데 어떤 문제가 있건, 그것은 과학이 어떻게 우리에게 눈에 보이는 물체에 대한 지식을 줄 수 있는가를 이해하는 데도 똑같이 문제가 된다.

제 5 장

과학의 변화와 과학혁명

과학적 발상들은 빠르게 변화한다. 사실 아무 과학 분야나 내키는 대로 골라잡아도 그 분야에서 유행하는 이론들이 50년 전과는 다르리라는 것, 그리고 100년 전과는 매우 다르리라는 것을 확신할 수 있다. 지적 노력의 다른 영역들에 비해 과학은 급속히 변화하는 활동이다. 흥미로운 몇몇 철학적 질문들은 과학의 변화라는 쟁점에 초점을 맞춘다. 시간이 가면서 과학적 발상들이 변화하는 방식에는 구분 가능한 패턴이 있을까? 과학자들이 기존 이론을 버리고 새로운 이론에 찬동할 때, 이를 어떻게 설명해야 할까? 나중에 나온 과학 이론이 먼저 나온 과학 이론보다 객관적으로 더 나을까?

이러한 질문들에 대한 현대의 논의는 대부분 미국의 과학사가이자 과학철학자였던 토머스 쿤(Thomas Kuhn)의 작업에서 출발한다. 1963년에 쿤은 뒤이어 과학철학에 엄청난 영향을 끼친 『과학혁명의 구조The Structure of Scientific Revolutions』라는 과학철학 작품을 출간했다. 쿤의 발상이 끼친 영향은 사회학이나 인류학 같은 학문 분야, 크게는 지적 문화에서도 감지되어왔다. (영국 신문 〈가디언〉은 20세기에 가장 큰 영향을 끼친 책 100권에 『과학혁명의 구조』를 포함시켰다.) 쿤의 발상들이 왜 그처럼 세상을 휘저었는지 이해하려면 그의 책이 출간되기 전에 과학철학이 어떤 상황에 있었는지를 간단히 살펴볼 필요가 있다.

논리경험주의 과학철학

제2차세계대전 이후에 영어권을 지배한 철학 운동은 **논리경험주의**였다. 원래 논리경험주의자란 1920년대와 1930년대 초에 빈과 베를린에 모인 철학자들, 논리학자들, 과학자들로 느슨하게 짜인 집단이었다. (우리가 제3장에서 만난 칼 헴펠은 이 집단과 친하게 지냈고, 카를 포퍼도 마찬가지였다). 논리경험주의자 대부분이 나치의 박해를 피해 미국으로 이민을 갔고, 미국에서 추종자들과 함께 학문적 철학에 강력한 영향력을 발휘하다가, 1960년대 중반에 이르러서야 운동이 해체되기 시작했다.

논리경험주의자들은 수학, 논리학과 더불어 자연과학을 매우 높이 평가했다. 20세기 초반은 흥분되는 과학적 진전들이 이루어진 시기였다. 특히 물리학에서 이루어진 진전이 이들에게 엄청나게 깊은 인상을 남겼다. 이들의 목표는 바라건대 철학에서도 비슷한 진전이 이루어질 수 있도록 철학 자체를 더 '과학적'으로 만드는 것이었다. 특히 과학의 명백한 객관성은 논리경험주의자들에게 과학에 관한 인상을 깊이 심어주었다. 그들은 많은 것이 질문자의 주관적 의견에 달린 다른 분야와 달리, 과학적 질문들은 완전히 객관적인 방식으로 해결될 수 있다고 믿었다. 실험적 시험 같은 기법들로 과학자들은 이론을 사실들과 직접 비교할 수 있었고, 그렇게 해서 얻은 정보를 바탕으로 이론의 가치에 관한 치우치지 않은 결정에 도달할 수 있었다. 그러니 논리경험주의자들에게 과학은 모범이 되는 합리적 활동, 진리로 가는 현존하는 경로 가운데 가장 확실한 경로였다.

논리경험주의자들은 과학을 높이 존중했음에도 불구하고, 과학적 발상들의 역사에는 거의 주의를 기울이지 않았다. 주된 이유는 그들 스스로가 '발견의 맥락'과 '정당화의 맥락'이라 부르는 것을 뚜렷하게 구분 지어서였다. 발견의 맥락이란 어느 과학자가 주어진 이론에 도달하기까지 실제로 거치는 역사적 과정을 가리킨다. 정당화의 맥락이란 과학자가 이미 가지고 있는 이론을 정당화하려고 이용하는—이론 시험하기, 관련 증거 찾아보기, 경쟁 이론과 비교하기를 포함한—수단을 가리킨다. 논리경험주의자들의 믿음에 의하면 전자는 명확한 규칙으로 다스려지지 않는 주관적인 심리적 과정인 반면, 후자는 객관적인 논리의 문제였다. 그러므로 과학철학자는 후자만 연구해야 한다고 주장했다.

한 가지 사례가 이 발상을 명확히 하는 데 도움이 될 수 있다. 1865년에 독일의 화학자 케쿨레가 벤젠 분자는 육각형 구조를 가지고 있음을 발견했다. 듣기로 그는 꿈에서 자기 꼬리를 물려고 애쓰는 뱀을 본 뒤 육각형 구조 가설을 떠올린 듯하다.(그림 6) 물론 케쿨레는 자신의 가설을 과학적으로 시험해야 했고, 그런 다음에야 가설이 받아들여질 수 있었다. 이는 극단적인 사례이지만 가장 있을 법하지 않은 방식으로도 과학적 가설에 도달할 수 있음—과학적 가설이 언제나 신중한 체계적 사고의 산물은 아님—을 보여준다. 논리경험주의자들은 어느 가설에 처음에 어떻게 도달하느냐에 따라 달라지는 것은 아무것도 없다고 여겼다. 중요한 것은 가설이 이미 있을 때 그것을 어떻게 시험할지 여부이고, 과학을 합리적인 활동으로 만드는 건 바로 이 과정이기 때문이라고 말이다.

논리경험주의 과학철학에서 또 한 가지 주제는 이론과 관

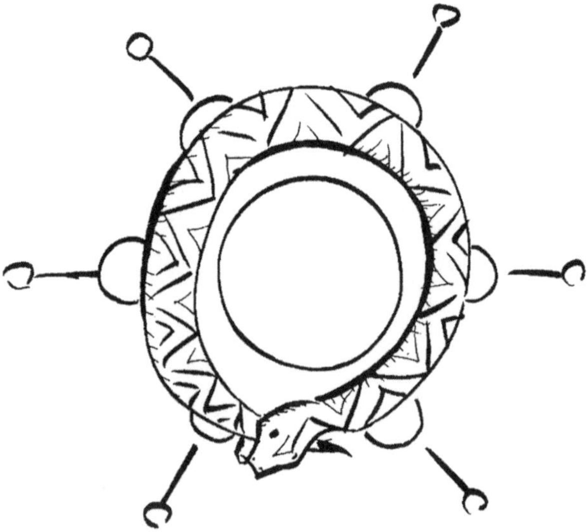

6. 케쿨레는 꿈에서 자기 꼬리를 물려고 애쓰는 뱀을 본 뒤에 벤젠의 구조는 육각형이라는 가설에 도달했다.

찰 사실의 구분이었고, 이는 제4장에서 논의한 관찰 가능한 것/관찰 불가능한 것의 구분과 관계가 있다. 논리경험주의자들은 경쟁하는 과학 이론들 사이의 분쟁을 완벽하게 객관적인 방식으로 해결할 수 있다고 믿었다. 이론들을 모든 당사자가 인정할 수 있는 '중립적인' 관찰 사실들과 직접 비교하면 된다고 말이다. 이 중립적 사실들의 집합을 정확히 어떻게 특징지어야 하는지는 논리경험주의자들 사이에서도 논쟁거리였지만, 그것이 존재한다는 것만은 철석같이 믿었다. 이론과 관찰 사실 사이에 분명한 차이가 없다면 과학의 합리성과 객관성이 위태로워질 테고, 과학이 합리적이고 객관적이라는 그들의 믿음은 확고하기만 했다.

쿤의 과학혁명 이론

쿤은 과학사를 전공한 역사가였다. 그는 철학자도 과학사를 공부함으로써 배울 것이 많다고 굳게 믿었다. 그리고 논리경험주의자들이 과학사에 충분한 주의를 기울이지 않은 결과 과학 사업(scientific enterprise)을 부정확하고 순진하게 묘사하게 되었다고 우겼다. 그의 책 제목에 나타나듯이, 쿤은 특히 과학혁명에 관심이 많았다. 기존의 과학적 발상들이 근본적으로 새로운 발상들로 대체되는 엄청난 격변의 시기 말이다. 천문학에서 일어난 코페르니쿠스 혁명, 물리학에서 일어난 아인슈타인 혁명, 생물학에서 일어난 다윈 혁명이 과학혁명의 사례들이다. 이러한 혁명은 저마다 과학적 세계관을 근본적으로 변화시켰다. 일련의 기존 발상을 완전히 다른 일련의 발상이 뒤집어엎었다.

물론 과학혁명은 비교적 드물게 일어난다. 어떤 과학도 대부분의 시간에는 혁명의 상태에 있지 않다. 쿤은 과학자들이 자신의 분야가 혁명적 변화를 겪고 있지 않은 때에 종사하는 평범한 나날의 활동을 기술하기 위해 '정상과학(normal science)'이라는 용어를 지어냈다. 정상과학에 대한 쿤의 해석에는 **패러다임**(paradigm) 개념이 중심에 놓여 있다. 패러다임은 두 가지 주성분으로 구성된다. 첫째는 과학자 공동체의 모든 구성원이 받아들이는 근본적인 이론적 가정들의 집합이다. 둘째는 '범례(exemplar)', 즉 그러한 이론적 가정들로 해결해 해당 분야의 교과서에 등장하는 특정한 과학 문제들의 집합이다. (비록 쿤은 때때로 두 낱말을 교환 가능한 것으로 사용하지만) 패러다임은 단순한 이론 이상이다. 과학자들은 패러다임을 공유할 때 일정한 과학 명제들에만 동의하는 것이 아니라, 그 분야에서 앞으로 과학 연구를 어떻게 진행해야 하는가, 무엇이 지속적으로 씨름해야 할 문제인가, 그 문제들을 풀기에 적절한 방법들은 무엇인가, 그 문제들의 인정할 수 있는 해답은 어떤 모습인가에 관해서도 동의한다. 간단히 말해 패러다임이란 과학적 세계관의 총체이다. 어떤 과학자 공동체가 공유함으로써 그 공동체를 단합시키고 정상과학이 일어나도록 해주는 가정, 믿음, 가치의 모임이라는 말이다.

정상과학은 정확히 무엇을 의미할까? 쿤에 따르면 정상과학의 관건은 **퍼즐 풀이**이다. 아무리 성공적인 패러다임이라도 언제나 일정한 문제들—그 패러다임으로는 쉽게 수용할 수 없는 현상들, 이론의 예측과 실험적 사실의 불일치—에 부닥칠 것이다. 정상과학자가 하는 일은 그 패러다임을 가능한 한 변화시키지 않으면서 이 자잘한 퍼즐들을 풀려고 노력하는 것이다. 그러므로 정상과학은 보수적인 활동이다. 정상과학의 종사자들은 세상을 뒤흔들 발견을 위해서가 아니라, 단지 기존 패러다임을 발전시키고 이어가려고 노력한다. 쿤의 말로 하자면 "정상과학은 사실이나 이론의 새로움을 겨냥하지 않기 때문에, 그것이 성공한 경우에도 새로움을 발견하는 것은 아니다". 쿤은 무엇보다도 정상과학자들은 패러다임을 **시험**하려 노력하지 않음을 강조했다. 반대로 패러다임을 무조건 받아들이고 그에 따라 정해진 테두리 안에서 연구를 수행한다. 어느 정상과학자가 패러다임과 모순되는 실험 결과를 얻으면 그는 대개 자신의 실험 기법에 결함이 있다고 가정하지, 패러다임이 틀렸다고 가정하지는 않을 것이다.

정상과학의 한 주기는 전형적으로 수십 년, 때로는 수 세기까지도 지속된다. 이 시간 동안 과학자들은—정교하게 조율하면서, 세부사항을 채워넣으면서, 응용 범위를 넓히면서—패러다임을 점점 더 명확히 표현한다. 하지만 시간이 가면 **이상현상**(anomaly)—과학자들이 아무리 열심히 노력해도 패러다임과 도저히 화해시킬 수 없는 현상들—이 발견된다. 이상현상은 수가 적을 때는 그냥 무시되는 경향이 있다. 하지만 이상현상이 점점 더 많이 쌓이면 위기감이 싹터 과학자 공동체를 뒤덮는다. 기존 패러다임에 대한 신뢰가 무너지고, 정상과학의 과정이 서서히 멈춘다. 이것이 쿤이 말하는 '혁명과학' 기간이 시작되었다는 표시이다. 이 기간 동안에는 어떤 후보라도 근본적인 과학적 발상의 자리를 **넘본다**. 낡은 패러다임에 맞선 온갖 대안이 제시되고, 마침내 새로운 패러다임이 확립된다. 대개 한 세대가 지나야 새로운 패러다임이 과학자 공동체의 모든 구성원을 자기편으로 끌어들인다. 과학혁명이 완결되었음을 표시하는 사건이다. 따라서 과학혁명의 정수는 낡은 패러다임에서 새로운 패러다임으로의 전환이다.

긴 정상과학의 기간 사이사이에 때때로 과학혁명이 끼어드는 것이 과학사라는 쿤의 묘사는 많은 학자의 심금을 울렸다. 과학사에 나오는 여러 사례가 쿤의 모형과 상당히 잘 들어맞는다. 예컨대 프톨레마이오스 천문학에서 코페르니쿠스 천문학으로의 전이, 또는 뉴턴 물리학에서 아인슈타인 물리학으로의 전이에도 쿤이 묘사하는 특징들 가운데 많은 것이 존재한다. 프톨레마이오스주의 천문학자들은 실제로 하나의 패러다임을 공유했고, 지구는 우주의 중심에 정지해 있다는 이론을 기반으로 하는 그 패러다임이 그들의 연구에 의심할 수 없는 배경이었다. 18세기와 19세기의 뉴턴주의 물리학자들에게도, 이들의 패러다임은 뉴턴 역학 및 중력 이론을 기반으로 했을 뿐 마찬가지였다. 그리고 두 경우 모두에 낡은 패러다임이 어떻게 새로운 패러다임으로 바뀌는가에 대한 쿤의 해석이 상당히 정확하게 적용된다. 쿤 모형이 그다지 깔끔하게 들어맞지 않는 과학혁명들—예컨대 생물학에서 1950년대와 1960년대에 이루어진 분자 혁명—도 있다. 그럼에도 불구하고 과학사에 대한 쿤의 묘사에 가치 있는 많은 것이 담겨 있다는 점에 대부분 동의한다.

왜 쿤의 발상들이 그토록 커다란 폭풍을 일으켰을까? 과학사에 관해 순수하게 묘사로 이루어진 주장들을 내놓은 데 덧붙여, 쿤은 논쟁의 여지가 다분한 몇몇 철학적 논제들을 제기했기 때문이다. 보통 우리는 과학자들이 기존 이론을 새로운 이론과 맞바꿀 때, 증거를 기반으로 그렇게 한다고 가정한다. 하지만 쿤의 논변에 따르면 새로운 패러다임을 채택하려면 과학자에게는 일정한 신앙 행위가 필요하다. 그는 과학자에게 낡은 패러다임을 버리고 새로운 패러다임으로 갈아타야 할 훌륭한 명분이 있을 수 있음을 인정했지만, 명분만으로는 결코 패러다임 전환을 이성적으로 강제할 수 없다고 단언했다. 쿤은 "한 패러다임으로부터 다른 패러다임으로의 이행"을 "강제될 수 없는 개종 경험"이라고 썼다. 왜 새로운 패러다임이 과학자 공동체에서 급속히 인정을 얻는가를 설명하면서, 쿤은 동료 과학자들이 서로에게 가하는 압력을 강조했다. 주어진 패러다임에 대한 매우 힘센 옹호자들이 있다면, 그 패러다임은 폭넓은 인정을 따낼 가능성이 높아진다고 말이다.

쿤의 비판자 가운데 다수가 이 주장에 질겁했다. 패러다임 전환이 쿤의 말대로 돌아간다면, 도대체 어떻게 과학을 합리적 활동으로 여길 수 있는지 이해하기 힘들어지기 때문이다. 과학자는 틀림없이 믿음의 기초를 신앙과 동료의 압력이 아니라 증거와 이성에 두기로 되어 있지 않은가? 두 가지 경쟁하는 패러다임에 맞닥뜨린 과학자는 둘을 객관적으로 비교해 어느 쪽에 유리한 증거가 더 많은가를 판가름해야 마땅하지 않은가? '개종 경험'을 당하는 것, 즉 동료 과학자 중에서 가장 힘센 사람이 자신을 설득하도록 허용하는 것은 결코 합리적 행동 방식으로 보이지 않는다. 누군가는 쿤의 해석에 따르면 과학에서 이론 선택은 '군중 심리의 문제'라고 비판했다.

쿤은 과학이 변화하는 전체적 방향에 관해서도 논란의 여지가 많은 주장들을 내놓았다. 널리 퍼져 있는 견해에 따르면 과학은 부정확한 옛 발상들이 정확한 새 발상들로 바뀌면서 진리를 향해 선형으로 진보한다. 따라서 나중에 나온 이론들이 먼저 나온 이론들보다 객관적으로 더 낫다. 과학은 선형적이고 누적적이라는 이 개념은 일반인 사이에서도 과학자 사이에서도 똑같이 인기가 있다. 그러나 쿤은 이를 역사적으로 부정확한 동시에 철학적으로 순진한 개념이라고 논변했다. 예컨대 아인슈타인의 상대성 이론은 어떤 면에서는 뉴턴주의 이론보다 아리스토텔레스주의 이론과 더 비슷하다고—그러니 역학의 역사는 결코 틀린 것에서 옳은 것으로 나아가는 선형적인 진보가 아니라고—언급했다. 게다가 쿤은 도대체 객관적 진리라는 개념이 실제로 이해가 되느냐고 의문을 제기했다. 어떤 특정한 패러다임과도 무관한, 세계에 관한 사실들의 고정된 집합이 있다는 발상은 정합성이 의심스럽다는 게 그의 믿음이었다. 쿤은 세계에 관한 사실들은 패러다임에 상대적이며, 따라서 패러다임이 변하면 이 사실들도 변한다는 급진적 대안을 제시했다. 이 제안이 옳다면 주어진 이론이 '있는 그대로의' 사실들과 일치하느냐를 묻는 것은 무의미해지고, 그러므로 그 이론이 객관적으로 참이냐를 묻는 것도 무의미해진다. 결국 쿤은 과학에 관해 급진적 형태의 반실재론을 신봉하게 되었다.

공약 불가능성과 데이터의 이론 적재성

쿤에게는 이러한 주장을 위한 두 가지 주요한 철학적 변론이 있었다. 첫째, 경쟁하는 패러다임들은 전형적으로 서로 '공약 불가능하다(incommensurable)'는 논변이었다. 이 발상을 이해하려면 쿤이 볼 때 어느 과학자의 패러다임은 그의 세계관 전체를 결정한다는 점을 기억해야 한다. 다시 말해 그 과학자는 모든 것을 그 패러다임의 렌즈로 본다. 그러므로 과학혁명에서 기존 패러다임이 새로운 패러다임으로 바뀌는 순간, 과학자들은 그들이 세계를 이해하기 위해 사용한 개념적 틀 전체를 버려야 한다. 더욱이 쿤은 다소 은유적인 표현으로 패러다임 전환 전후로 과학자들은 "서로 다른 세계에서 산다"고 주장한다. 공약 불가능성이란 두 패러다임은 서로 간단히 비교하는 게 불가능할 만큼—둘 다 번역할 수 있는 공통 언어가 없을 만큼—너무나 다를 것이라는 발상이다. 쿤은 그 결과 서로 다른 패러다임의 지지자들은 "상대방의 관점을 완전히 받아들일 수 없다"고 주장했다.

다소 모호할지는 몰라도 흥미로운 발상이다. 공약 불가능성의 신조는 대부분 과학적 개념의 의미는 그 개념이 한몫을 하는 이론에서 나온다는 쿤의 믿음에서 생겨난다. 예컨대 뉴턴의 질량 개념을 이해하려면 뉴턴의 이론 전체를 이해해야 한다. 개념을 그 개념이 박혀 있는 이론과 무관하게 설명할 수는 없다는 말이다. 때때로 '전체론'이라 불리는 이 발상을 쿤은 매우 진지하게 받아들였다. 뉴턴과 아인슈타인은 각자 '질량'이라는 용어를 너무나 다른 이론에 박아 넣었으므로, 그 용어는 실은 두 사람에게 다른 의미라는 게 그의 논변이었다. 이는 뉴턴과 아인슈타인이 사실상 다른 언어를 말하고 있었음을 함축하며, 두 사람의 이론을 비교하려는 시도는 명백히 까다로워진다. 뉴턴주의 물리학자와 아인슈타인주의 물리학자가 합리적 논의를 하려 해도 결국은 서로 쇠귀에 경 읽기가 될 것이다.

쿤은 공약 불가능성 논제를 써서 패러다임 전환이 충분히 '객관적'이라는 견해를 논박하는 동시에, 과학사를 누적적으로 그리지 않는 그의 그림을 보강하려 했다. 전통적 과학철학은 경쟁하는 두 이론 가운데 하나를 선택하는 일이 엄청나게 어렵다고 보지 않았다. 그냥 구할 수 있는 증거에 비추어 두 이론을 객관적으로 비교하면 되지 않는가 하고 말이다. 하지만 이는 분명 두 이론을 모두 표현할 수 있는 공통 언어가 있음을 전제한다. 옛 패러다임의 지지자와 새 패러다임의 지지자는 문자 그대로 서로 쇠귀에 경을 읽고 있는 것이라는 쿤의 말이 옳다면, 패러다임 선택을 그토록 극단적으로 단순화한 해석은 결코 정확할 수 없다. 공약 불가능성은 과학사를 '선형'으로 그리는 전통적 그림에도 똑같이 문제가 된다. 옛 패러다임과 새 패러다임이 공약 불가능하다면, 과학혁명이란 '틀린' 발상들을 '옳은' 발상들로 바꾸는 일이라는 생각도 정확할 수 없다. 어떤 발상을 옳다고 보고 다른 발상을 옳지 않다고 보는 것은 그 발상을 평가하기 위한 공통의 틀이 존재함을 함축하는데, 그것이야말로 쿤이 부인하는 것이기 때문이다. 공약 불가능성은 과학적 변화가 진리를 향한 직진이기는커녕 어떤 의미에서는 방향이 없음을, 다시 말해 나중에 나온 패러다임은 먼저 나온 패러다임보다 나은 것이 아니라 그저 다른 것일 뿐임을 함축한다.

쿤의 공약 불가능성 논제를 수긍한 철학자는 많지 않았다. 문제의 일부는 쿤이 한편으로 옛 패러다임과 새 패러다임은 **양립 불가능하다**(incompatible)고 주장한 데 있었다. 이 주장은 그럴싸하다. 신구 패러다임이 양립 가능하다면 둘 중 하나를 선택할 필요도 없을 것이기 때문이다. 그리고 많은 경우 양립 불가능성이 명백히 드러난다. 행성들이 지구 주위를 돈다는 프톨레마이오스의 주장은 행성들이 태양 주위를 돈다는 코페르니쿠스의 주장과 명백히 양립 불가능하다. 그러나 쿤의 비판자들이 재빨리 지적했듯이, 두 상황이 공약 불가능하다면 그 상황은 양립 불가능할 수 없다. 왜 그런지 이해하기 위해 물체의 질량은 그 물체의 속도에 비례한다는 명제를 생각해 보자. 뉴턴의 이론은 이 명제가 거짓이라고 말하는 반면 아인슈타인의 이론은 이 명제가 참이라고 말한다.

하지만 공약 불가능성의 신조가 옳다면 이 명제는 각자에게 다른 의미이므로, 뉴턴과 아인슈타인 사이에는 실제적 의견 충돌이 없다. 명제가 두 이론 모두에서 **같은** 의미를 가질 때에만 둘 사이에 진짜 모순이 생긴다. 아인슈타인의 이론과 뉴턴의 이론이 **실제로** 모순된다는 점은 (쿤을 포함한) 모든 사람이 인정하므로, 이는 공약 불가능성 논제를 의심스럽게 여길 강한 명분이다.

이런 이의에 대한 답으로 쿤은 공약 불가능성 논제를 다소 완화했다. 서로 다른 패러다임끼리도 부분적 번역은 해낼 수 있으므로 옛 패러다임의 지지자와 새 패러다임의 지지자가 어느 정도는 소통할 수 있다는, 서로의 대화가 허구한 날 완전히 쇠귀에 경 읽기는 아닐 것이라는 게 쿤의 논변이었다. 하지만 쿤은 두 패러다임 가운데 하나를 충분히 객관적으로 선택하는 것은 불가능하다는 고집을 꺾지 않았다. 공통어가 없는 데서 비롯되는 공약 불가능성 말고도 그가 '기준의 공약 불가능성'이라 부른 것이 있기 때문이다. 이는 좋은 패러다임은 어떤 특징들을 가져야 하는지, 어떤 문제들을 풀 수 있어야 하는지, 그러한 문제에 대한 인정할 수 있는 해답은 어떻게 생겼을지에 관해 의견이 다를 것이라는 발상이다. 그러므로 설령 그들이 실질적으로 소통할 수 있다고 해도, 어느 쪽의 패러다임이 우월한지는 합의에 도달할 능력이 없을 것이다. 쿤의 말로 하자면 "각각의 패러다임은 스스로에게 부과하는 기준은 어느 정도 만족시키지만, 상대 패러다임에 의해서 부과된 기준은 만족시키지 못했음이 드러날 것이다".

쿤의 두번째 철학적 논변은 데이터의 '이론 적재성(theory-ladenness)'으로 알려진 발상을 기반으로 했다. 이 발상을 파악하기 위해 당신이 모순되는 두 이론 가운데 하나를 선택하려는 과학자라고 가정하자. 당신이 할 일은 보나마나 둘 가운데 하나를 결정해줄 데이터를 찾는 일 아니면 문제를 해결해줄 '결정적 실험'을 수행하는 일이다. 하지만 그 일은 과학자라면 자신이 두 이론 가운데 어느 쪽을 믿건 데이터를 인정할 거라는 의미에서, 두 이론과 적당히 독립적인 데이터가 존재할 때에만 가능할 것이다. 우리가 보았듯이 논리경험주의자들은 그러한 이론 중립적 데이터가 존재한다고, 그것이 경쟁하는 두 이론 사이에서 객관적인 최고 법원이 되어줄 수 있다고 믿었다. 그러나 쿤은 이론 중립성이라는 이상은 환상이라고—데이터는 이론적 가정들에 의해 어김없이 오염된다고—논변했다. 모든 과학자가 자신의 이론적 신조와 상관없이 받아들일 '순수한' 데이터의 집합을 따로 떼어내기는 불가능하다고.

데이터의 이론 적재성은 쿤에게 두 가지 면에서 중요한 영향을 끼쳤다. 첫째, 그것은 경쟁하는 패러다임 사이의 쟁점을 단순히 '데이터' 또는 '사실'에 호소해서는 해결할 수 없음을 의미했다. 어느 과학자가 무엇을 데이터 또는 사실로 치느냐는 그가 어느 쪽 패러다임을 받아들이느냐에 달려 있을 것이기 때문이다. 그러므로 두 패러다임 가운데 하나를 완벽하게 객관적으로 선택하기란 불가능하다. 각각의 주장을 평가하기 위한 중립적 시점이 없으니 말이다. 둘째, 객관적 진리라는 발상 자체에 의문이 제기된다. 어느 이론이 객관적으로 참이 되려면 사실과 일치해야 하지만, 사실 자체가 우리의 이론에 의해 오염되어 있다면 그러한 발상은 거의 의미가 없다. 그래서 쿤은 결국 진리 자체가 패러다임에 상대적이라는 급진적 견해에 도달했던 것이다.

왜 쿤은 모든 데이터에 이론이 적재되어 있다고 생각했을까? 그의 글이 이 점에 관해 완전히 명료한 것은 아니지만, 최소한 두 가닥의 논거를 볼 수 있다. 첫째는 배경이 되는 믿음이 지각을 심하게 좌우한다는 발상이다. 다시 말해 우리가 무엇을 보느냐는 어느 정도 우리가 무엇을 믿느냐에 달려 있다. 그러므로 실험실에서 정교한 장치를 보고 있는 훈련된 과학자에게는 일반인에게 보이는 것과는 다른 뭔가가 보일 것이다. 과학자에게는 그 장치에 관해 일반인에게는 없는 믿음이 많을 게 명백하기 때문이다. 지각이 이런 식으로 배경 믿음에 민감하다는 것을 보여준다고 소문난 심리학 실험이—이러한 실험의 정확한 해석은 논쟁거리이지만—여럿 있다. 둘째, 과학자는 실험과 관찰 보고서를 매우 이론적인 언어로 표현하는 일이 흔하다. 예컨대 어느 과학자는 '구리 막대에 전류가 흐르고 있다'라는 말로 어느 실험의 결과를 보고할지도 모른다. 하지만 이 데이터 보고에는 명백히 많은 양의 이론이 실려 있다. 전류에 관한 표준적인 믿음을 지니지 않은 과학자라면 이 데이터를 받아들이지 않을 것이므로, 이 데이터는 분명 이론 중립적이지 않다.

이러한 논변의 가치를 두고 철학자들은 둘로 갈라진다. 한편에서는 많은 철학자가 순수한 이론 중립성은 이룰 수 없다는 쿤의 의견에 동의한다. 모종의 데이터 진술들은 이론적 구속에서 완전히 자유롭다는 논리경험주의적 이상은 현대의 철학자 대부분이 받아들이지 않는다. 무엇보다 그러한 진술이 어떻게 생겼을지 말하는 데 성공한 사람이 아무도 없었기 때문이다. 그러나 이 때문에 패러다임 전환의 객관성이 모조리 위태로워지는 것은 아니다. 프톨레마이오스주의 천문학자와 코페르니쿠스주의 천문학자가 누구의 이론이 우월한지 논쟁을 벌이고 있다고 하자. 두 사람이 의미 있게 논쟁하려면, 두 사람이 받아들일 수 있는 천문학 데이터가 얼마간 필요하다. 그런데 왜 이것이 문제여야 할까? 예컨대 연이은 여러 밤에 관찰되는 지구와 달의 상대적 위치나 태양이 떠오르는 시간에 관해 두 사람의 의견이 일치할 수 있다는 것은 틀림없지 않은가? 만일 코페르니쿠스주의자가 데이터를 태양 중심설이 참이라고 전제하는 어떤 방식으로 기술하려고 고집한다면, 프톨레마이오스주의자가 반대하리라는 것은 명백하다. 하지만 코페르니쿠스주의자가 그렇게 할 이유는 전혀 없다. '5월 14일에는 태양이 오전 7시 10분에 떴다' 같은 진술은 어느 과학자가 지구 중심설을 믿건 태양 중심설을 믿건 받아들일 수 있다. 그러한 진술들은 두 패러다임의 지지자 모두가 받아들일 수 있을 만큼 이론 중립적이라는 점이 중요하다.

쿤이 객관적 진리를 거부한 점은? 이 점에서 쿤의 선도를 따른 철학자는 거의 없었다. 문제는 객관적 진리의 개념을 거부하는 많은 사람과 마찬가지로, 쿤도 쓸 만한 대안을 분명히 표현하지 못했다는 데 있다. 결국 진리는 패러다임에 상대적이라는 급진적 견해는 이해하기 힘든 견해이다. 그러한 상대주의 신조가 다 그렇듯, 이 견해도 결정적 문제에 직면하기 때문이다. 다음 질문을 생각해보자. 진리는 패러다임에 상대적이라는 주장 **자체**는 객관적으로 참인가? '그렇다'라고 답하면 상대주의 지지자는 객관적 진리의 개념이 이해가 된다는 것을 인정한 게 되고, 따라서 자기모순에 빠진 꼴이 된다. '아니다'라고 답하면 그에게 동의하지 않고 자기 생각에 진리는 패러다임에 상대적이 **아니라고** 말하는 누군가와 논쟁할 근거가 없어진다. 모든 철학자가 이 논증을 상대주의에 완전히 치명적인 논증으로 여기는 것은 아니지만, 이 논증이 객관적 진리의 개념을 버리는 게 말처럼 쉽지는 않음을 시사하는 것은 사실이다. 과학사란 단순히 진리를 향한 선형 진보라는 전통적 견해에 쿤이 강력한 이의를 제기한 것은 확실하지만, 그가 그 대신에 내놓은 상대주의적 대안도 받아들이기가 쉽지 않다.

쿤과 과학의 합리성

『과학혁명의 구조』는 급진적인 논조로 쓰였다. 쿤은 과학에서의 이론 변화에 관한 표준적인 철학적 발상들을 근본적으로 다른 개념으로 바꾸고 싶어한다는 인상을 준다. 패러다임 전환, 공약 불가능성, 데이터의 이론 적재성에 대한 그의 신조는 과학을 합리적·객관적·누적적이라고 보는 논리경험주의적 견해와는 철저히 상충되는 듯하다. 어느 정도 당연하게도 쿤의 독자들은 그가 과학이란 정상기의 패러다임에 대한 독단적 집착과 혁명기의 갑작스러운 '개종 경험'으로 특징지어지는 대체로 불합리한 활동이라는 말을 하고 있다고 여겼다.

하지만 쿤 자신은 자신의 작업이 이렇게 해석되는 게 불만이었다. 그래서 쿤은 1970년에 출간된 『과학혁명의 구조』 2판에 덧붙인 후기와 이후의 글에서는 논조를 상당히 누그러뜨리면서, 그가 지지하는 것으로 보였던 더 급진적인 견해에서 거리를 두었다. 자신은 과학의 합리성에 의문을 던지려던 게 아니라, 과학이 실제로 발전하는 방식의 더 현실적인 그림, 즉 역사적으로 정확한 그림을 제시하려 했다고 주장했다. 논리경험주의자들이 과학사를 무시한 결과로 과학의 작동 방식을 지나치게 단순화한 해석을 내놓았으므로, 쿤의 목표는 교정책을 제공하는 것이었다. 그는 과학이 불합리함을 보여주려 했던 게 아니라, 과학적 합리성의 필요조건에 더 나은 해석을 제공하려 했다.

어떤 해설자들은 쿤의 후기를 전향—원래 입장을 명확히 한 것이 아니라 그 입장에서 물러난 것—으로 여긴다. 이것이 공정한 평가인가 아닌가는 우리가 여기서 고려할 질문이 아니다. 하지만 그 후기가 한 가지 중요한 쟁점을 끄집어낸 것은 사실이다. 쿤은 자신이 패러다임 전환을 불합리한 것으로 그렸다는 비난을 논박하면서, 과학에 이론 선택을 위한 "알고리듬은 없다"라는 유명한 주장을 했다. 무슨 뜻일까? 알고리듬이란 우리가 특정한 질문에 대한 답을 계산하도록 해주는 규칙들의 집합이다. 예컨대 곱셈을 위한 알고리듬은 어떤 두 수에 적용해도 우리에게 두 수의 곱을 알려주는 규칙들의 집합이다. 그러므로 이론 선택을 위한 알고리듬이란 경쟁하는 두 이론에 적용하면 어느 쪽을 선택해야 할지를 알려주는 규칙들의 집합이다. 많은 전통적 과학철학은 실제로 그러한 알고리듬이 존재한다는 생각에 충실했다. 논리경험주의자들은 마치 일련의 데이터 그리고 경쟁하는 두 이론이 주어지면 '과학적 방법의 원칙들'을 이용해 어느 이론이 우월한지 판가름할 수 있는 것처럼 기술하곤 했다. 이 발상은 발견은 심리의 문제이지만 정당화는 논리의 문제라는 그들의 믿음 안에 내재되어 있었다.

과학에 이론 선택을 위한 알고리듬은 없다는 쿤의 단언은 옳을 것이다. 그런 알고리듬을 만들어내는 데 성공한 사람이 없었던 건 확실하다. 많은 철학자와 과학자가 이론에서 무엇을 기대해야 하는가에 관해—단순성, 범용성, 데이터와의 근접성 등—그럴싸한 제안들을 해왔다. 하지만 쿤이 잘 알고 있었듯이 이 제안들은 진정한 알고리듬을 제공하는 수준에는 한참 뒤떨어진다. 무엇보다도 상충이 있을 수 있다. 예컨대 이론A가 이론B보다 더 단순하겠지만 이론B가 데이터에는 더 꼭 들어맞을 수도 있다. 그러므로 경쟁하는 두 이론 가운데 하나를 결정하려면 흔히 주관적 판단 또는 과학적 상식의 요소가 필요하다. 이에 비춰보면 새로운 패러다임을 채택하는 데는 일정한 신앙 행위가 필요하다는 쿤의 의견도 그렇게까지 급진적이지는 않아 보인다. 그가 어떤 패러다임이 과학자 공동체를 자기편으로 끌어들일 가능성을 결정하는 데서 그 패러다임의 옹호자들이 지닌 설득력을 강조한 것도 마찬가지이다.

'알고리듬은 없다'는 발상은 패러다임 전환에 대한 쿤의 해석이 과학의 합리성에 대한 공격이 아니라는 견해를 뒷받침한다. 우리는 쿤이 과학의 합리성을 공격했다고 읽는 대신, 합리성에 대한 일정한 개념을 거부했다고 읽을 수 있기 때문이다. 논리경험주의자들은 과학의 변화가 불합리해지지 않으려면 사실상 이론 선택을 위한 알고리듬은 **반드시** 있어야 한다고 믿었다. 터무니없는 견해가 아니다. 실제로 합리적 행동의 많은 사례에 규칙 또는 알고리듬이 필요하니 말이다. 예컨대 어느 상품이 영국에서 더 싼지 일본에서 더 싼지 알고 싶으면, 파운드를 엔으로 환산하는 알고리듬을 적용한다. 다른 어떤 방법도 불합리하다. 마찬가지로 어떤 과학자가 경쟁하는 두 이론 가운데 하나를 결정하려면, 이론 선택에 알고리듬을 적용하는 것이 유일하게 합리적인 진행 방법이다. 그러므로 만일 그러한 알고리듬은 없다고 드러난다면, 우리에게는 두 가지 선택지가 있다. 과학의 변화는 불합리하다는 결론 **또는** 통용되는 합리성 개념은 지나치게 요구가 많다는 결론이다. 나중에 쓴 글들에서 쿤은 후자의 의견을 지지한다. 그의 이야기가 주는 교훈은 패러다임 전환은 불합리하다는 것이 아니라, 패러다임 전환을 이해하려면 더 느슨한, 실용적인 합리성의 개념이 필요하다는 것이다.

쿤의 유산

본성상 논쟁의 여지가 있음에도 불구하고, 쿤의 발상들은 과학철학을 탈바꿈시켰다. 한편으로는 쿤이 전통적으로 당연시되어온 많은 가정에 의문을 제기함으로써 철학자들이 그 가정들을 대면할 수밖에 없었기 때문이고, 다른 한편으로는 그가 전통적 과학철학이 간단히 무시해온 다양한 쟁점들로 주의를 끌었기 때문이다. 철학자는 과학사를 무시해도 괜찮다는 발상은 쿤 이후 방어할 힘을 잃어갔다. 발견의 맥락과 정당화의 맥락은 뚜렷이 양분된다는 발상도 마찬가지였다. 현대의 과학철학자들은 과학의 역사적 전개에 쿤 이전의 과학철학자들보다 훨씬 더 많은 주의를 기울인다. 이러한 면에서 쿤의 급진적인 발상들에 공감하지 않는 사람들조차도 그가 확실한 영향을 미쳐왔다는 점만은 인정할 것이다.

쿤의 작업이 불러온 또 한 가지 중요한 영향은 전통적 과학철학이 무시해온 과학의 사회적 맥락에 주의를 끌었다는 점이다. 쿤에게 과학은 본질적으로 사회적인 활동이다. 다시 말해 공유하는 패러다임에 대한 충성심으로 결속된 과학자 공동체라는 존재가 정상과학이 실행되기 위한 선행 조건이다. 쿤은 각급 학교와 대학에서 과학을 어떻게 가르치는가, 젊은 과학자들이 과학자 공동체에 어떻게 입회하는가, 과학적 결과가 어떻게 발표되는가 같은 '사회학적' 문제에도 상당한 주의를 기울였다. 놀라울 것도 없이 쿤의 발상들은 과학사회학자 사이에서 큰 영향을 끼쳐왔다. 특히 과학사회학에서 '스트롱 프로그램(strong programme)'으로 알려진 운동이 1970년대와 1980년대에 영국에서 출현한 것은 많은 부분 쿤의 덕분이었다.

스트롱 프로그램은 과학을 그 과학이 실행되는 사회의 산물로 보아야 한다는 발상을 기반으로 했다. 스트롱 프로그램 사회학자들은 이 발상을 문자 그대로 받아들였다. 다시 말해 과학자들의 믿음은 대부분이 사회적으로 결정된다고 여겼다. 그래서 그들은 예컨대 왜 어느 과학자가 주어진 이론을 믿는지 설명하기 위해 그 과학자의 사회적·문화적 배경의 여러 측면을 끌어대곤 했다. 그 이론을 믿는 과학자 자신이 앞세우는 이유들은 결코 충분한 설명이 아니라고 우겼다. 스트롱 프로그램은 쿤에게서 데이터의 이론 적재성, 그리고 과학은 본질적으로 사회적 활동이라는 견해, 이론 선택을 위한 객관적 알고리듬은 없다는 발상을 포함한 여러 주제를 빌려왔다. 하지만 스트롱 프로그램 사회학자들은 쿤보다 더 급진적이었고, 덜 신중했다. 진리와 합리성의 관념을 사상적으로 의심스럽다고 여겨 공개적으로 거부했고, 전통적 과학철학을 대단히 의심스럽게 바라보았다. 이 결과로 조성된 과학철학자와 과학사회학자 사이의 긴장이 오늘날까지 이어지고 있다.

쿤의 작업은 더 멀리, 인문사회과학에서 **사회구성주의**가 부상하는 데도 한몫을 했다. 사회구성주의는 예컨대 인종적 범주 같은 현상들은 마음과 무관한 객관적 실체가 있는 현상들과 대립되는 '사회적 구조물'이라는 사상이다. 쿤이 과학의 사회적 맥락을 강조한 점, 그리고 과학 이론은 '객관적 사실과 일치한다'는 발상을 거부한 점을 고려하면, 왜 그가 과학은 '사회적 구조물'이라고 말하는 것처럼 받아들여질 수 있는지 쉽게 알 수 있다. 그러나 여기에는 어떤 역설이 있다. 과학은 '사회적 구조물'이라는 발상의 옹호자들은 흔히 현대 사회에서 과학에 부여되는 권위에 반감을 드러내면서, 전형적으로 반과학적 태도를 지녀왔기 때문이다. 하지만 쿤 자신은 대단히 친과학적이었다. 논리경험주의자들처럼 그도 현대 과학을 엄청나게 인상적인 지적 성취로 여겼다. 그가 패러다임 전환, 정상과학과 혁명과학, 공약 불가능성, 이론 적재성에 대한 신조를 피력한 의도는 과학 사업을 약화하거나 비판하는 게 아니라, 우리가 그것을 더 잘 이해하도록 돕는 것이었다.

제 6 장

물리학, 생물학, 심리학 분야의 철학적 문제들

우리가 지금까지 공부한 쟁점들—귀납, 설명, 실재론, 과학의 변화—은 이른바 '일반 과학철학'에 속한다. 이러한 쟁점은 이를테면 화학이나 지질학과 특수하게 관련된 게 아니라 일반적인 과학 연구의 본성과 관련이 있다. 그러나 특정 과학에도 특수한—이른바 '개별 과학철학'에 속하는—흥미로운 철학적 질문이 많이 있다. 이러한 질문은 대개 어느 정도는 철학적 숙고에 달려 있고 어느 정도는 경험적 사실에 달려 있다는 점에서 그만큼 더 흥미로워진다. 이 장에서는 그러한 질문 세 가지를 물리학, 생물학, 심리학 분야에서 하나씩 살펴본다.

라이프니츠 대 뉴턴의 절대 공간 문제

우리의 첫번째 주제는 17세기 과학계의 걸출한 두 지성, 고트프리트 라이프니츠(1646~1716)와 아이작 뉴턴(1642~1727) 사이에서 벌어졌던 공간과 시간의 본성에 관한 논쟁이다. 뉴턴은 유명한 저서인 『자연철학의 원리Principles of Natural Philosophy』에서 이른바 '절대주의' 공간 개념을 변호했다. 이 견해에 따르면 공간에는 물체 사이의 공간적 관계 말고도 '절대적' 실체가 있다. 뉴턴은 공간이라는 입체적 용기에 조물주가 창조 시점에 물질적 우주를 집어넣었다고 생각했다. 이는 시리얼 상자 같은 용기가 존재해야 시리얼을 한 알이라도 담을 수 있는 것처럼, 공간이 존재해야 물질적 대상이 존재할 수 있음을 함축한다. 뉴턴에 따르면 시리얼 상자 같은 평범한 용기와 공간의 유일한 차이는 시리얼 상자는 크기가 유한한 반면에 공간은 모든 방향으로 무한히 확장된다는 점뿐이다.

라이프니츠는 뉴턴의 철학에 담긴 절대주의 공간관을 비롯한 다른 많은 견해와 강하게 충돌했다. 그는 공간은 단순히 물질적 대상 사이의 공간적 관계의 총합으로 이루어진다고 논변했다. 공간적 관계의 예인 '위쪽', '아래쪽', '왼쪽', '오른쪽'은 모두 물질적 대상이 서로에게 지니는 관계이다. 이 '상대주의' 공간 개념은 물질적 대상이 있기 전에는 공간이 존재하지 않음을 함축한다. 공간은 조물주가 물질적 우주를 창조한 순간에 존재하게 되었으며, 그전에는 존재하지 않은 채 물질적 대상이 채워지기를 기다리고 있었다는 게 라이프니츠의 논변이었다. 그러므로 공간을 용기로 생각하는 것, 실은 어떤 종류의 실체로 생각하는 것도 쓸모가 없다. 라이프니츠의 견해는 비유를 들어 이해할 수 있다. 법적 계약은 두 당사자—예컨대 집을 사는 사람과 파는 사람—의 관계로 이루어진다. 만약 둘 가운데 한 당사자가 죽으면 그 계약은 더이상 존재하지 않는다. 그러므로 계약이 사는 사람과 파는 사람의 관계와 무관하게 실체를 가진다는 말은 얼빠진 소리이다. 계약이 그냥 곧 그 관계이니 말이다. 마찬가지로 공간은 물체 사이의 공간적 관계 외에 아무것도 아니다.

뉴턴이 절대 공간 개념을 도입한 주된 이유는 상대 운동을 절대 운동과 구분하기 위해서였다. 상대 운동이란 다른 물체에 대한 한 물체의 운동이다. 상대 운동에 관한 한 어느 물체가 '정말로' 움직이고 있느냐를 묻는 것은 말이 되지 않는다. 그것이 다른 물체에 대해 움직이고 있느냐만 물을 수 있다. 예를 들어 곧은길을 따라 나란히 달리고 있는 두 사람을 상상해 보자. 길가에 서 있는 구경꾼에게 두 사람은 모두 움직이고 있다. 이를테면 매 순간 멀어져가고 있다. 하지만 달리는 두 사람에게 서로는 움직이고 있지 않다. 두 사람이 계속해서 같은 방향으로 같은 속도로 달리는 한, 두 사람의 상대적 위치는 변함없이 정확히 같다는 말이다. 그러므로 물체는 어떤 것에 대해서는 상대 운동을 하고 있지만 다른 것에 대해서는 정지해 있을 수 있다.

뉴턴은 상대 운동뿐만 아니라 절대 운동도 있다고 믿었다. 상식이 이 견해를 뒷받침한다. 상대 운동을 하고 있는 두 물체—이를테면 행글라이더와 지상의 관찰자—를 상상해보라. 이 상대 운동은 대칭이다. 지상의 관찰자에 대해 행글라이더가 움직이고 있는 것과 똑같이, 관찰자도 행글라이더에 대해 움직이고 있다는 말이다. 하지만 '정말로' 움직이고 있는 쪽이 관찰자냐 아니면 행글라이더냐는 질문은 틀림없이 직관적으로 이해가 되지 않는가? 그렇다면 우리에게는 절대 운동의 개념이 필요하다.

절대 운동이란 정확히 무엇일까? 뉴턴에 따르면 그것은 **절대 공간에 대한** 물체의 운동이다. 뉴턴은 언제든지 모든 물체는 절대 공간 안에서 특정한 위치를 차지한다고 생각했다. 시간이 지나면서 절대 공간 안에서 물체의 위치가 달라진다면 그 물체는 절대 운동을 하고 있는 것이고, 그렇지 않다면 그 물체는 절대 정지 상태에 있는 것이다. 그래서 상대 운동을 절대 운동과 구별하려면 공간을 물질적 대상 사이의 관계 이상의 실체로 생각할 필요가 있다. 뉴턴의 추리는 중요한 가정, 즉 모든 운동은 **무언가**에 상대적이어야 한다는 가정에 의지한다는 것에 유의하라. 상대 운동은 다른 물질적 대상에 대한 운동이고, 절대 운동은 절대 공간 자체에 대한 운동이다. 그래서 어떤 의미에서는 절대 운동조차도 뉴턴에게는 '상대적'이다. 뉴턴은 실제로 절대적으로건 상대적으로건 운동하고 있다는 것은 어느 물체에 관한 '주어진 사실(brute fact)'일 수 없다고, 그것은 오직 그 물체와 다른 무언가의 관계에 관한 사실이라고 가정했다. 그 다른 무언가는 다른 물질적 대상이거나 절대 공간이거나, 둘 중 하나일 수 있다.

라이프니츠는 상대 운동과 절대 운동에 차이가 있다는 점을 인정했지만, 절대 운동을 절대 공간에 대한 운동으로 설명해야 한다는 점은 인정하지 않았다. 절대 공간의 개념이 정합적이지 않다고 여겼기 때문이다. 그에게는 이 견해를 뒷받침하는 몇 가지 변론이 있었는데, 그 가운데 다수는 신학적이었다. 철학적 관점에서 가장 흥미로운 라이프니츠의 논변은 절대 공간은 그가 **구별 불가능자의 동일성 원칙**(principle of the identity of indiscernibles, PII)이라고 부르는 것과 모순된다는 것이었다. 라이프니츠는 이 원칙을 의심할 나위 없이 참이라고 여겼으므로, 절대 공간 개념을 배격했다.

PII는 만약 두 물체를 구별할 수 없다면 두 물체는 동일하다고, 즉 두 물체는 정말로 다름아닌 바로 그 물체라고 말한다. 두 물체가 구별 불가능하다는 말은 두 물체 사이에서 아무런 차이도 찾을 수 없다—두 물체가 정확히 같은 속성들을 가지고 있다—는 말이다. 그러므로 PII가 참이라면 진짜로 구별되는 두 물체는 모종의 속성이 달라야 한다. 그렇지 않으면 두 물체는 두 물체가 아니라 한 물체일 테니까 말이다. PII는 직관적으로 꽤 설득력이 있다. 구별되는 두 물체가 **모든** 속성을 공유하는 사례를 찾기가 쉽지 않은 것은 확실하다. 대량생산된 두 개의 공산품조차도 보통 무수히 많은 면에서 서로 다를 것이다. PII가 일반적으로 참이냐 아니냐는 철학자들이 아직까지도 토론 대상으로 삼는 까다로운 질문이다. 답의 일부는 정확히 무엇을 '속성'으로 치느냐에 달려 있고, 일부는 양자물리학 분야의 어려운 쟁점들에 달려 있다. 하지만 지금 우리의 관심사는 라이프니츠가 그 원칙을 어떻게 사용하느냐 하는 것이다.

라이프니츠는 두 가지 사고 실험으로 뉴턴의 절대 공간 이론과 PII 사이의 모순을 드러낸다. 그의 논증 전략은 간접적이다. 다시 말해 그는 오로지 논증을 위해 뉴턴의 이론이 옳다고 가정한 다음, 그 가정에서 모순이 따라 나옴을 보이려 한다. 모순은 참일 수 없으므로 라이프니츠는 뉴턴의 이론이 거짓이 틀림없다고 결론을 내린다. 뉴턴이 볼 때 어느 순간에건 우주 만물이 절대 공간 안에서 확실한 위치를 차지한다는 것을 상기해보자. 라이프니츠는 우리에게 두 개의 다른 우주가 둘

다 정확히 같은 물체들을 담고 있는 광경을 상상하라고 한다. 1번 우주에 들어 있는 물체는 저마다 절대 공간 안에서 특정한 위치를 차지한다. 2번 우주에 들어 있는 물체는 저마다 절대 공간 안에서 1번 우주보다 (예컨대) 2마일 동쪽에 있는 다른 위치로 옮겨져 있다. 이러한 두 우주는 분간할 방법이 없을 것이다. 뉴턴 자신이 인정했듯이 물체가 절대 공간 안에서 차지하는 위치는 관찰할 수 없기 때문이다. 우리가 관찰할 수 있는 것은 물체들의 서로에 대한 위치가 전부인데, 이는 두 우주 모두에서 같다. 어떤 관찰이나 실험도 우리가 1번 우주에서 사는지 아니면 2번 우주에서 사는지는 결코 드러낼 수 없을 것이다.

라이프니츠의 두번째 사고 실험도 비슷하다. 뉴턴이 볼 때 어떤 물체들은 절대 공간을 가르며 움직이고 있는 반면, 다른 물체들은 정지해 있다는 것을 상기해보자. 이는 매 순간 모든 물체가 확실한 절대 속도를 가지고 있다는 뜻이다. (속도란 주어진 방향에서의 속력이므로, 어떤 물체의 절대 속도란 그 물체가 명시된 방향으로 절대 공간을 가르며 움직이는 속력이다.) 이제 둘 다 정확히 같은 물체들을 담고 있는 두 개의 다른 우주를 상상하라. 1번 우주에 들어 있는 물체는 저마다 특정한 절대 속도를 가지고 있다. 2번 우주에 들어 있는 물체는 저마다 정해진 양만큼, 이를테면 명시된 방향으로 시속 300킬로미터만큼 절대 속도를 끌어올렸다. 이번에도 이러한 두 우주는 결코 분간할 수 없을 것이다. 뉴턴 자신이 인정했듯이 우리는 물체가 절대 우주에 대해 얼마나 빨리 움직이고 있는지를 관찰할 수 있는 게 아니라 물체들이 **서로에 대해** 얼마나 빨리 움직이고 있는지만 관찰할 수 있는데, 이러한 상대 속도는 두 우주 모두에서 같기 때문이다.

이 두 가지 사고 실험에서 라이프니츠는 뉴턴의 입장에서 우리가 결코 분간할 수 없을—완벽하게 구별 불가능한—두 개의 우주를 묘사한다. 그러나 PII에 의하면 이는 두 우주가 실은 하나라는 뜻이다. 그래서 만약 PII가 사실이라면, 뉴턴의 이론은 어떤 것이 하나밖에 없는데 두 개라고 암시하는 거짓 결과를 낳게 된다. 그러므로 뉴턴의 이론은 거짓이라는 게 라이프니츠의 논변이다.

라이프니츠는 사실상 절대 공간이 있으나 없으나 관찰되는 차이가 없기 때문에 절대 공간은 공허한 관념이라는 논변을 하고 있다. 물체가 절대 공간 안에서 차지하는 위치도 절대 공간에 대해 가지는 속도도 결코 탐지할 수 없다면, 도대체 왜 절대 공간을 믿는가? 라이프니츠는 관찰로 탐지할 수 있는 차이가 생길 경우에만 과학에서 관찰 불가능한 실체를 상정해야 한다는 꽤 타당한 원칙에 호소하고 있다.

하지만 뉴턴은 절대 공간에 대해 관찰되는 결과가 있음을 제시할 수 있다고 생각했다. 그의 유명한 '돌아가는 양동이' 논증의 요점이다. 그는 우리에게 물이 채워진 양동이가 양동이 바닥의 구멍으로 통과시킨 끈에 매달려 있는 모습을 상상하라고 한다.(그림 7)

맨 처음에는 물이 양동이에 대해 멈춰 있다. 끈을 몇 번 꼬았다가 놓는다. 끈이 풀리면서 양동이가 돌기 시작한다. 처음에는 양동이 안의 물은 가만히 있고 수면도 평평하다. 그 순간 양동이만 물에 대해 돌아가고 있다. 하지만 몇 초 뒤에는 양동이의 운동이 물에 전해져서 물도 양동이와 나란히 돌기 시작하고, 그 순간에는 양동이와 물이 다시 서로에 대해 멈춰 있게 된다. 경험으로 보자면 그때는 수면이 가장자리에서 휘어 올라간다.

무엇이 수면을 올라가게 하고 있을까? 뉴턴이 묻는다. 원인이 물의 회전과 관계 있는 무엇임은 분명하다. 하지만 회전은 운동의 한 유형이고, 뉴턴이 볼 때 물체의 운동은 언제나 다른 무언가에 상대적이다. 그러므로 우리는 이렇게 물어야 한다. 물은 무엇에 대해 돌아가고 있을까? 양동이에 대해서가 아닌 것은 명백하다. 양동이와 물은 나란히 돌고 있으므로 상대적으로 멈춰 있기 때문이다. 물은 **절대 공간에 대해** 돌아가고 있으며, 그 점이 원인으로 작용해 수면이 휘어 올라간다는 게 뉴턴의 논변이다. 그러므로 절대 공간에도 관찰되는 결과가 있다.

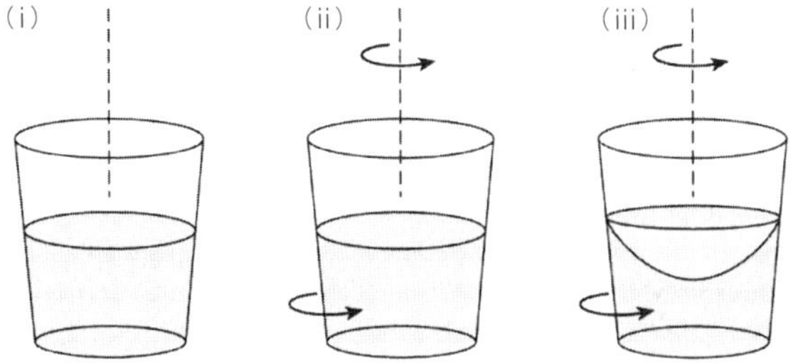

7. 뉴턴의 '돌아가는 양동이' 실험. 단계(i)에서는 양동이도 물도 멈춰 있고, 단계(ii)에서는 양동이가 물에 대해 돌아가고, 단계(iii)에서는 양동이와 물이 나란히 돌아간다.

당신은 뉴턴의 논증에 명백한 틈새가 있다고 생각할 것이다. 물이 양동이에 대해 돌고 있지 않은 점은 인정하지만, 그렇다고 왜 절대 공간에 대해 돌고 있는 게 틀림없다고 결론짓지? 물은 실험중인 사람에 대해서도, 지표면에 대해서도, 붙박이별들에 대해서도 돌아가고 있으니 틀림없이 이 가운데 어떤 것이 원인으로 작용해서 수면이 올라가는지도 모르잖아? 뉴턴은 이런 응수에 간단한 답변을 내놓았다. 돌아가는 양동이 말고는 아무것도 담겨 있지 않은 우주를 상상하라고 말이다. 그러한 우주 안에서는 다른 물체들에 대한 물의 회전에 호소해서는 물의 곡면을 설명하지 못한다. 거기에는 아무 물체도 없고, 전처럼 양동이에 대해서는 물이 멈춰 있기 때문이다. 유일하게 절대 공간만이 물이 돌아가는 동안 비교 기준으로 남는다. 그러므로 왜 수면이 휘는지 설명할 수 있으려면 절대 공간을 믿어야 한다.

뉴턴은 사실 물체의 절대 공간에 대한 위치와 속도는 결코 탐지할 수 없지만, 물체의 절대 공간에 대한 **가속도**는 탐지할 수 있다는 말을 하고 있다. 가속의 정의에 따르면 회전하는 물체는 회전 속도가 일정하다 해도 가속되고 있다. 물리학에서 가속도는 속도의 변화율이라고 정의되고, 속도란 **주어진 방향**의 속력이기 때문이다. 회전하는 물체는 끊임없이 운동 방향을 바꾸므로 속도가 일정하지 않고, 그래서 가속되고 있다는 결과가 나온다. 물의 곡면은 그냥 이른바 '관성 효과'—운동이 가속됨으로써 생기는 효과—의 일례이다. 다른 일례가 바로 비행기가 이륙할 때 좌석의 등받이로 떠밀리는 느낌이다. 뉴턴은 관성 효과에 대해 가능한 유일한 설명은 그러한 효과를 경험하고 있는 물체가 절대 공간에 대해 가속되었다는 설명이라고 믿었다. 가속되고 있는 물체만 담겨 있는 우주 안에서는 유일하게 절대 공간만이 가속의 비교 기준이 될 수 있을 것이기 때문이다.

뉴턴의 논증은 강력하지만 결정적인 것은 아니다. 다른 물질적 대상이 하나도 담겨 있지 않은 우주 안에서 돌아가는 양동이 실험을 한다면 수면이 휘어 올라가게 되리라는 것을 뉴턴이 어떻게 안다는 말인가? 뉴턴은 단순히 우리가 이 세계에서 발견하는 관성 효과가 다른 물질이 없는 세계에서도 변함없이 같으리라고 가정한다. 이는 분명 엄청난 가정이다. 그래서 많은 사람이 뉴턴에게 의문을 제기해왔다. 이렇게 해서 뉴턴의 논증은 절대 공간의 존재를 증명하는 대신 라이프니츠의 변호인에게 관성 효과에 대한 다른 설명을 내놓으라고 도전장을 던진다.

라이프니츠는 절대 공간을 들먹이지 않고 절대 운동과 상대 운동의 차이를 설명하라는 도전에도 직면한다. 이 문제에 관해 라이프니츠는 물체는 '변화의 직접 원인이 물체 자체에 있을 때' 진정한 또는 절대 운동을 하고 있는 것이라고 썼다. 행글라이더와 지상의 관찰자가 둘 다 서로에 대해 움직이고 있는 사례를 다시 떠올려보자. 어느 쪽이 '정말로' 움직이고 있는지 판가름하려면 변화(상대 운동)의 직접 원인이 행글라이더에 있는지 관찰자에 있는지, 아니면 둘 다에 있는지를 알아내야 한다고 라이프니츠는 말할 것이다. 절대 운동을 상대 운동과 구별하는 법에 관한 이 제안은 절대 공간에 대한 모든 언급을 피하지만 그다지 명료하지는 않다. 라이프니츠는 '변화의 직접 원인'이 물체 안에 있다는 게 무엇을 의미하는지는 결코 제대로 설명하지 않는다. 그의 의도는 그저 상대 운동이건 절대 운동이건 물체의 운동은 다른 뭔가에 대한 그 물체의 관계에 관한 사실일 수밖에 없다는 뉴턴의 가정을 물리치는 것이었는지도 모른다.

절대-상대 논쟁이 흥미를 끄는 한 요인은 이 논쟁이 좀처럼 사라지지 않는다는 점이다. 공간에 대한 뉴턴의 해석은 그의 물리학과 단단히 묶여 있었고, 라이프니츠의 견해는 뉴턴의 견해에 대한 직접적 반응이었다. 그러니 17세기 이후로 물리학에서 이루어진 진전들로 지금쯤은 이 쟁점이 해결되었으리라 생각할지도 모르겠다. 그러나 그런 일은 일어나지 않았다. 한때는 다들 아인슈타인의 상대성 이론이 이 쟁점을 라이프니츠에게 유리한 쪽으로 판결했다고 여겼지만, 이 견해는 최근 들어 점점 더 공격을 받고 있다. 뉴턴-라이프니츠 논쟁이 있은 지 300년도 더 지났지만, 이 논쟁은 계속되고 있다.

생물 종이란 무엇인가?

과학자는 흔히 자신이 연구중인 대상을 일반적인 종류나 유형으로 분류하고 싶어한다. 지질학자는 어떻게 형성되었느냐에 따라 암석을 화성암, 퇴적암, 변성암으로 분류한다. 화학자는 물리적·화학적 속성에 따라 원소를 금속, 반금속, 비금속으로 분류한다. 분류의 주된 기능은 정보 전달이다. 화학자가 무언가를 금속이라고 말하면 당신은 그것이 가질 법한 속성에 관해 많은 것을 알게 된다. 분류는 흥미로운 철학적 쟁점들을 제기한다. 대개의 쟁점은 주어진 대상의 집합이 원론적으로 서로 다른 많은 방식으로 분류될 수 있다는 사실에서 비롯된다. 그러니 그 많은 방식 가운데 무엇을 어떻게 선택해야 할까? '올바른' 분류 방법이 있을까? 아니면 모든 분류 도식은 결국 임의적일까? 여기서 우리의 관심사가 될 **생물학적** 분류법, 다른 말로 분류학(taxonomy)의 맥락에서는 이러한 질문들이 각별한 절박성을 띤다.

생물학적 분류의 기본 단위는 종(種)이다. 전통 분류학에서는 유기체 하나하나를 먼저 한 종에 배정한다. 종은 이명법이라는 두 부분으로 된 라틴어 이름으로 표시한다. 이렇게 해서 당신은 호모 사피엔스(*Homo sapiens*)에 속하고, 당신의 애완 고양이는 펠리스 카투스(*Felis catus*)에, 식품 저장실의 생쥐는 무스 무스쿨루스(*Mus musculus*)에 속한다. 종들은 그런 다음 계층적 방식으로 '상위 분류군'—속(屬), 과(科), 목(目), 강(綱), 문(門), 계(界)—을 향해 정리되어 들어간다. 호모 사피엔스는 사람속으로 들어간 뒤 차례로 사람과, 영장목, 포유강, 척삭동물문, 동물계로 들어간다. 이 분류 체계는 이를 발명한 18세기 스웨덴의 박물학자 칼 린네(Carl Linne, 1707~1778)의 이름을 따서 **린네 체계**라고 불리며 오늘날까지 널리 사용된다.

여기서 우리는 분류학자가 하는 작업의 첫 단계, 곧 유기체를 종에 배정하는 방법에 초점을 맞출 것이다. 이는 보기보다 간단치 않다. 주된 이유는 생물학자들이 종이란 실제로 무엇인가에 합의하지 못해서, 종을 동정(同定, identify)하기 위해 어떤 기준을 써야 할지에도 합의에 이르지 못하기 때문이다. 사실 현대 생물학에는 생물 종에 관한 서로 경쟁하는 정의들, '종 개념(species concept)'이 넘쳐난다. 이 합의 부재 상태를 '종 문제'라 부르기도 한다.

종 문제가 존재한다는 말에 놀랄지도 모르겠다. 문외한의 관점에서는 유기체를 종에 배정하는 일은 그다지 문제될 게 없어 보인다. 대충 훑어봐도 살아 있는 유기체들은 분명 뚝 같은 게 없다. 어떤 놈은 엄청나게 큰 반면에 어떤 놈은 굉장히 작다. 어떤 놈은 움직이는 반면에 어떤 놈은 움직이지 않는다. 어떤 놈은 몇 년 동안 사는데 어떤 놈은 몇 시간밖에 살지 못한다. 이 다양성이 연속적이지 않고, 덩어리를 이룬다는 점 역시 분명하다. 유기체들은 몇 가지 별개의 유형 또는 종류로 나뉘는 듯 보이고, 그 가운데 다수는 어린아이도 알아볼 수 있다. 세 살배기도 공원에 있는 동물 두 마리가 품종은 다르더라도 둘 다 개라는 것을 자신 있게 판단할 수 있고, 생물학자도 아이의 판단이 옳다는 것—두 동물은 실제로 개(*Canis familiaris*)라는 같은 종에 속한다는 것—을 확인해줄 것이다. 그러니 살아 있는 유기체 사이에는 객관적 구분이 있으며 생물학자의 일은 그것을 발견하는 것이라는 생각이 자연스럽다. 이 견해에 따르면 종의 경계선은 생물학자들이 세상에 억지로 그려 넣는 게 아니라, '저기 바깥' 세상에서 발견되기를 기다리고 있다. 생물학자가 아닌 사람 대부분은 이 견해를 의심 없이 받아들이는 듯하다.

이 상식적 관점은 아리스토텔레스 이래로 형태를 바꿔가며 인기를 끌어온 '자연 종(natural kind)'의 철학적 신조와 꼭 들어맞는다. 이 신조는 사물들을—인간의 관심사를 반영하는 게 아니라 세상 속에 정말로 존재하는 구분과 일치한다는 의미에서—자연스러운 여러 종류로 나누는 방법들이 있다고 여긴다. 화학 원소와 화합물은 자연 종의 범례이다. 예컨대 우주에 있는 모든 순수한 금의 표본을 생각해보자. 이러한 표본은 '금'이라는 종류에 속한다. 구성 원자들의 원자번호가 79라는 기본적인 면에서 서로 같기 때문이다. 반면에 이른바 바보의 황금(황철석)의 표본은 다른 종류의 원자들(철과 황)로 이루어진 화합물이기 때문에, 몇 가지 면에서 금과 비슷함에도 불구하고 금이라는 종류에 속하지 않는다. 과학적 실재론을 신봉하는 철학자들은 흔히 어떤 과학이든 과학이 하는 일의 일부는 맡은 영역에서 자연 종들을 발견하는 일이라고 논변한다.

생물학의 종이 이 자연 종에 해당한다는 발상은 매력적이지만 몇 가지 도전에 직면한다. 하나는 무엇을 종으로 치느냐에 임의성이라는 요소가 있을 수 있다는 것이다. 왜 그런지 이해하기 위해, 생물학자들이 흔히 종을 품종, 변종, 아종(亞種) 따위 집단으로 세분한다는 데 주목하자. 예컨대 검독수리(*Aquila chrysaetos*)는 보통 유럽검독수리, 아메리카검독수리, 일본검독수리 등 여섯 가지 아종으로 나뉜다. 아종 분류군을 도입하는 동기는 어떤 개체군들은 알아볼 수 있을 만큼 서로 다르지만 별개 종으로 칠 만큼 다르지는 않다는 점이다. 하지만 우리는 무슨 수로 뚜렷한 선을 그을까? 다윈은 『종의 기원』에서 이 점을 흥미롭게 거론하면서 종, 아종, 변종 사이에 분명한 경계선 따위는 존재하지 않는다고 논한다. 그의 결론은 이렇다. "나는 종이라는 용어를 오로지 편의를 위해 서로 흡사한 개체들의 집합에 임의로 부여한 용어로 본다. 그리고 종은 변종이라는 용어와 본질적으로 다르지 않다. 변종은 덜 독특하고 변동이 더 심한 형태에 부여하는 용어이다."

어느 개체들의 집합을 종으로 치느냐 마느냐가 임의적이라는 다윈의 의견은 놀랍다. 종이란 자연 종이라는 발상과는 분명 맞지 않으니까. 하지만 다윈이 옳을까? 20세기에 많은 진화생물학자는 종이 사실은 임의적 묶음이 아니라 자연에 실재하는 단위라고 확신하게 되었다. 종들은 **생식적으로 격리되어 있다**(reproductively isolated)는 점이 근거이다. 한 종에 들어 있는 유기체끼리는 상호교배할 수 있지만 다른 종의 유기체들과는 상호교배를 할 수 없다는 뜻이다. 생물학적 종을 생식적 격리라는 관점에서 정의하는 방식은 독일의 생물학자 에른스트 마이어(Ernst Mayr)의 옹호를 받으며 '생물학적 종 개념(biological species concept, BSC)'으로 알려지게 되었다. 이 개념의 옹호자들은 변종/종 구분이 임의적이라는 다윈의 논변을 거부한다. 이들의 견해에 따르면 유럽검독수리와 아메리카검독수리는 원론적으로 상호교배를 할 수 있고 (희귀한 일이기는 해도) 독자 생존이 가능한 새끼를 낳을 수 있으므로, 별개 종이 아니라 변종이다. 반면에 항라머리검독수리와 검독수리 개체는 상호교배를 할 수 없으므로 별개의 종이다.

BSC는 현대 생물학에서 널리 사용되지만 한계가 있다. 이 개념은 유성생식을 하는 유기체에만 적용된다. 그러나 대부분의 단세포 유기체, 일부 식물과 균류, 소수의 동물을 포함한 살아 있는 유기체 다수는 무성생식을 한다. 그러므로 BSC는 종 문제에 대한 부분적인 해답일 뿐이다. 또한 생식적 격리가 언제나 엄밀하게 지켜지는 것도 아니다. 유연관계가 가까우면서 인접한 종들에게는 흔히 서로의 서식 범위가 만나는 '잡종 형성 지대(hybrid zone)'가 있다. 이런 지대에서는 한정된 양의 이종교배가 일어나 최소한 일시적으로 생식 능력이 있는 새끼가 생기지만, 두 종은 저마다 독특한 정체성을 보유한다. 잡종 형성 지대는 흔히 한 종이 두 종으로 갈라지는 과정에 있을 때 발생한다. 특히 식물의 경우에는 뚜렷이 구별되는 종에 속하는 유기체들 사이에서도 이종교배가 상당히 흔하다.

BSC 입장에서 훨씬 더 골치 아픈 것은 고리종(ring species) 현상이다. 이 현상은 한 종을 구성하는 여러 개의 국지적 개체군이 지리적으로 고리 모양으로 배열되었을 때 일어난다. 각 개체군은 바로 옆 이웃과는 상호교배를 할 수 있지만 사슬의 끝에 있는 개체군과는 할 수 없다. 예컨대 개체군 A는 B와, B는 C와, C는 D와, D는 E와 상호교배를 할 수 있지만, A와 E는 할 수 없다.(그림 8) 고리종은 BSC 입장에서 일종의 모순이 된다. 이유가 궁금하면 A와 E가 같은 종에 속하는지 자문해보

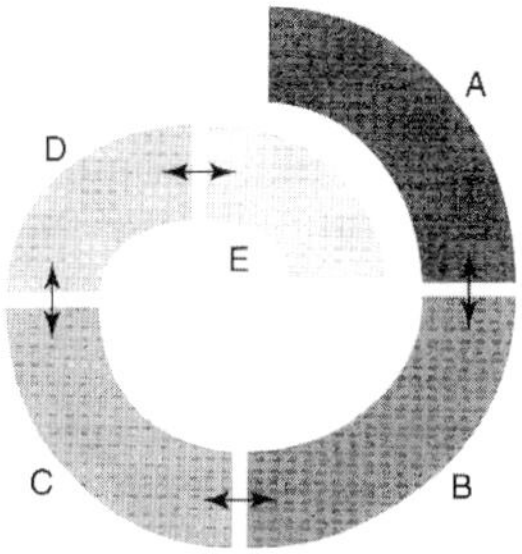

8. 고리종. 양방향 화살표는 상호교배를 가리킨다.

라. 두 개체군은 상호교배를 할 수 없으므로 답은 '아니다'여야 한다. 그렇지만 상호교배의 기준으로 보자면 A와 B는 동종이고 B와 C, C와 D, D와 E도 마찬가지이니 A와 E도 틀림없이 동종이어야만 하지 않나? BSC를 기준으로 하면 이 상황에 관해 뭐라 말해야 할지 불분명하다. 그러므로 무엇을 종으로 치느냐에 임의성의 요소가 있다는 다윈의 주장은 생식적 격리에 초점을 맞추는 것으로는 완전히 꺾이지 않는다.

종 문제의 근원은 진화 자체이다. 현대 생물학은 다윈을 따라 우리에게 모든 살아 있는 유기체는 하나의 공통 조상에서 유래한다고 가르친다. 그런데 전통적인 린네식 분류학은 창조론이 지배적인 세계관이던 때에 생겨났다. 조물주가 종을 하나하나 따로 창조했다는 창조론의 견해를 따르면 모든 유기체가 모호하지 않게 종에 배정될 수 있으리라는 기대가 당연하다. 하지만 진화론의 견해를 따르면 이를 기대할 이유가 없다. 진화적 변화는—조상종(ancient species)에서 딸종(daughter species)이 생기기까지 전형적으로 수천 년이 걸리는—점진적 과정이기 때문이다. 필연적으로 한 종이 점차 두 종으로 갈라지면서, 두 딸종 사이의 연결 고리가 마침내 끊어지게 된다. 그러므로 전이 형태 그리고 종으로서의 지위가 불분명한 개체군은 예상 가능한 결과일 뿐이다. 더구나 단일한 종이라는 정의가 세균부터 다세포 동물에 이르는 모든 유기체에 적용되리라고 기대할 이유도 없다.

진화는 또한 우리에게 유기체들 사이에 십중팔구 변이(variation)가 퍼져 있을 거라고 가르친다. 변이야말로 자연선택을 몰아가는 엔진이기 때문이다. 어느 종에 속하는 유기체들이 변하지 않으면 자연선택은 작동할 수 없다. 이 가르침은 어느 생물학적 종의 모든 구성원은 특정 유전적 성질처럼 비구성원을 배제하는 어떤 본질적 특징을 그 종이 소유해야 한다는 상식적 발상을 무너뜨린다는 점에서 중요하다. 이 상식적 발상은 종을 '자연 종'으로 보는 견해의 일부이고, 많은 비생물학자가 이를 믿는 듯하다. 그러나 경험적으로, 어떤 전형적 종에 속하는 개체군들 사이에는 때때로 근연종 사이의 유전적 변이를 넘어서는 광범위한 유전적 변이가 있다. 생물학자들이 흔히 어느 유기체의 DNA 염기서열을 분석함으로써 그 유기체가 어느 종에 속하는지 알려줄 수 있음을 부인하는 건 아니다. 그렇지만 이것이 늘 가능한 것은 아니므로, 어느 종의 회원 자격이 고정된 '유전적 본질'에 따라 결정된다는 것을 보여주지는 않는다.

그러므로 진화는 분류학 사업을 상당히 까다롭게 만든다. 그러나 그 사업은 계속 가야만 한다. 유기체를 종별로 나누는 일은 현실적으로 없어서는 안 될 일이기 때문이다. 예컨대 어느 조류학자가 특이한 새 한 마리와 마주친다면, 그 새가 어느 종에 속하느냐를 가장 먼저 알고 싶을 것이다. 이 지식이 그 새의 특성, 행동, 생태에 관해 값진 정보를 제공하기 때문이다. 영국의 생물학자 존 메이너드 스미스(John Maynard Smith)는 이 상황을 다음과 같이 유려하게 묘사했다. "예나 지금이나 모든 살아 있는 유기체를, 유기체들 사이에 중간 형태가 존재하지 않는 명확하게 정의되는 집단들로 나누려는 모든 시도는 처음부터 실패할 운명이다. 분류학자는 자기 임무의 현실적 필요성과 이론적 불가능성이 충돌하는 상황에 맞닥뜨린다." 그러므로 현실에서 생물학자들은 종이란 실상의 근사치일 뿐임을 알면서도 계속해서 종을 마치 명확하게 정의되는 종류인 양 다룬다.

1960년대 말부터 진화생물학은 줄곧 분류가 진화와 '일치하는' 방식으로 이루어져야 한다는 발상으로 점점 더 수렴해왔다. 이 발상이 바로 독일의 곤충학자 빌리 헤니히(Willi Hennig)가 '계통분류학(phylogenetic systematics)'으로 알려진 운동을 창시한 **동기**였다. 핵심 발상은 오직 **단계통**(monophyletic)인 생물학적 집단만 진짜로 인정하자는 것이었다. 단계통이란 어떤 공통 조상의 후손이 모두 들어 있고 그 후손들만 거기에 들어 있다는 뜻이다. 많은 전통적 분류군, 예컨대 파충강은 단계통이 아님이 드러났다. 모든 파충류의 조상으로부터 조류도 생겨났기 때문이다.(그림 9) 그래서 계통

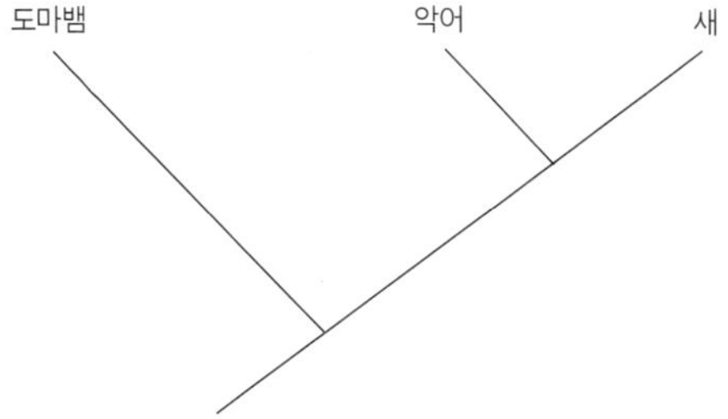

9. 도마뱀, 악어, 새의 계통발생적 관계.

발생적 분류의 옹호자들은 파충강은 진짜 분류군이 아니라고, 정확한 분류학 안에는 들어갈 자리가 없다고 우긴다. 계통분류학은 주로 종이 아니라 상위 분류군의 범위를 어떻게 정하느냐와 관계가 있다. 그러나 단계통이라는 기준은 개별 종에도 적용될 수 있고, 그 결과로 '계통발생적 종 개념'이라고 알려진 것이 얻어진다. 이 개념은 사실상, 한 종에 들어 있는 유기체들은 서로의 유연관계가 다른 종 구성원과의 관계보다 가까워야 한다는 직관적 발상을 형식화하려는 시도이다.

철학적 관점에서 계통발생적 접근법이 중요한 이유는 본질적 유사성 때문이 아니라 조상을 공유한다는 점 때문에 두 유기체가 같은 집단—종 또는 상위 분류군—에 속하는 결과가 나온다는 데 있다. 한 가지 사고 실험이 이를 구체화하는 데 도움이 될 수 있다. 과학자들이 화성에서 어떤 유기체를 발견했다고 하자. 이 유기체는 지구상의 생물학적 물질에서 생겨난 게 아닌데도 보통 집파리와 전혀 구분할 수 없다. (물론 도저히 그럴 법하지 않지만, 논리적으로 상상할 수는 있다.) 화성의 표본은 집파리처럼 생겼고, 지구의 집파리와도 상호교배를 할 수 있으며, 어떤 유전적 검사로도 진짜 집파리와 구분할 수 없다. 이것은 집파리일까? 만약 종이 자연 종을 가리킨다면 답은 아마도 '그렇다'일 것이다. 하지만 계통발생적 견해에서 나올 답은 '아니다'이다. 집파리(*Musca domestica*)라는 종이 되려면 유기체는 어떠한 본질적 특징을 가졌건 상관없이 적절한 양식의 조상을 가져야 한다.

이는 생물학자 마이클 기셀린(Michael Ghiselin)과 철학자 데이비드 헐(David Hull)이 1970년대에 내놓은 흥미로운 의견과 일치한다. 두 사람의 논변에 따르면 생물학적 종은 결코 전통적 가정처럼 하나의 종류 또는 유형으로 여겨서는 안 된다. 생물학적 종은 오히려 시공간 안에서 연장되는 복잡한 개체로 여겨야 한다. 개별 유기체와 마찬가지로 종도 특정한 장소와 시간에 태어나고, 유한한 삶을 살고, 그런 다음 멸종한다. 반면에 진짜 종류는 시공에 구속되지 않는다. 금을 생각해보자. 우주 안 어디에 있건 원산지가 어디건, 한 조각의 물질이 79라는 원자번호를 가지는 한 금으로 여겨진다. 그러므로 원론적으로는 온 우주의 모든 금을 파괴한 다음 몇 년 뒤에 금을 얼마간 합성할 수도 있다. 그러나 종은 이와 같지 않다는 게 기셀린과 헐의 논변이었다. 일단 멸종한 종은 논리상 결코 다시 생겨날 수 없다. 당신이나 내가 죽었다 살아날 수 없는 것과 마찬가지이다.

종을 개체로 여기는 발상은 처음에는 이상하게 들리지만 곰곰이 생각해보면 이해가 된다. 종을 구성하는 부분, 곧 종에 들어 있는 유기체들이 한 덩이로 뭉쳐 있지 않다는 점에서 종은 분명 '평범한' 개체와 같지는 않다. 그러나 이 차이는 상당히 피상적이다. 개미 군체에 속하는 곤충들도 한 덩이로 뭉쳐 있지 않지만, 우리는 기꺼이 이 군체를 하나의 개체라고 여긴다. 종을 개체로서 다루면 뚜렷한 장점이 있다. 하나는 계통분류학 원리들과 잘 들어맞는다는 점이다. 또하나는 종이 임의적인 묶음이 아니라 자연 속에 '실재하는' 단위라는 널리 퍼진 직관 그리고 종 내부에도 유전적 변이가 광범위하며 종에는 '유전적 본질'이 없다는 사실을 화해시키는 데 도움이 된다는 점이다. 이러한 사실은 종을 복잡한 개체로 여기면 충분히 이해가 되지만, 종을 자연 종으로 여기면 도무지 이해가 가지 않는다.

마음은 모듈로 되어 있을까?

인간이 다양한 일련의 인지 과제를 별 의식적 노력도 없이 수행할 수 있다는 것은 굉장한 사실이다. '인지 과제'라 함은 십자말풀이 같은 것만이 아니라 길을 안전하게 건너기, 남의 말 이해하기, 남의 얼굴 알아보기 같은 더 일상적인 과제들도 의미한다. 너무나 능숙해서 우리는 쉽게 당연시하지만, 그러한 과제들을 수행하는 우리의 능력은 정말로 놀랄 만한 것이다. 상당한 비용을 들였지만, 이러한 과제의 대부분을 평균적인 인간과 같은 만큼 잘 수행할 수 있는 수준에 접근하는 로봇은 한 대도 만들지 못했다. 어떻게든 우리의 뇌는 우리로 하여금 최소한의 노력으로 복잡한 인지 과제들을 수행할 수 있도록 해준다. 이것이 어떻게 가능한가를 설명하는 것이 인지심리학으로 알려진 분야의 중요한 부분이다.

우리의 초점은 인지심리학자들 사이에서 계속되고 있는 인간 마음의 건축 양식에 관한 논쟁이다. 한 견해에 따르면 인간의 마음은 '다목적 문제 해결 장치'이다. 마음은 일련의 일반적 문제 해결 기술, 다른 말로 '일반 지능'을 담고 있으며, 그것을 무수히 많은 서로 다른 과제에 적용한다는 뜻이다. 그래서 어떤 사람이 공깃돌을 세려는 중이건, 어느 식당에서 먹을까를 결정하려는 중이건, 외국어를 배우려는 중이건 동일한 일련의 인지 능력이 활용된다. 이러한 과제들은 그 사람의 일반 지능이 적용되는 서로 다른 사례일 뿐이라는 말이다. 이와 맞서는 견해에 따르면, 인간의 마음은 얼마간의 전문화된 하위체계, 즉 다른 말로 모듈을 담고 있으며, 각각의 모듈은 특정한 과제를 수행하도록 설계된 것이라 다른 어떤 것도 하지 못한다. 이는 **마음의 모듈성**(modularity of mind) 가설로서 알려져 있다. 모듈성의 일례는 언어학자 놈 촘스키(Noam Chomsky)가 1960년대에 언어 습득에 관해 연구한 결과에서 나온다. 촘스키는 아이가 어른의 대화를 엿들은 다음 '일반 지능'을 사용해 구어의 규칙들을 알아냄으로써 말을 배우는 게 아니라고 단언했다. 아이들에게 노출되는 언어 데이터는 지나치게 제한되어 있고 아이에 따라 굉장히 다른데도 모든 아이가 같은 나이에 이르면 언어를 습득하기 때문에 이는 불가능하다는 게 그의 논변이었다. 촘스키는 모든 아이의 뇌에 '언어 습득 장치'라 불리는 별개의 모듈이 있다고 주장했다. 자동으로 작동하는 이 장치의 유일한 기능은 아이가 언어를 습득할 수 있도록 해주는 것이다. 이 장치는 모든 인간의 언어가 지키는 '보편 문법(universal grammar)'의 원칙들을 부호화함으로써 적절한 자극만 주어진다면 아이가 어떤 언어의 문법이라도 배울 수 있도록 해준다. 촘스키는 언어 습득이 모듈화된 능력이라는 주장을 뒷받침하는 일련의 인상적인 증거를 제공했다. 예컨대 '일반 지능'이 낮은 아이들조차도 대개 말은 완벽하게 잘 배울 수 있다는 사실도 여기에 포함된다.

모듈성 가설을 뒷받침하는 설득력 있는 증거는 '결함 연구'로 알려진 뇌 손상 환자 연구에서 나온다. 만약 인간의 마음이 다목적 문제 해결 장치라면, 뇌를 다치면 모든 인지 능력에 다소간 동등하게 영향이 미칠 것이다. 하지만 이것은 우리가 발견하는 결과가 아니다. 반대로, 뇌를 다치면 흔히 일부 인지 능력이 손상되지만 그 밖의 능력은 고스란히 남는다. 예컨대 베르니케 영역으로 알려진 뇌 부위를 다친 환자는 문법에 맞는 유창한 문장을 만들어낼 수는 있지만 말을 이해할 수는 없게 된다. 이는 문장의 생성을 위한 모듈과 이해를 위한 모듈이 따로따로 있음을 강하게 시사한다. 그래야 문장을 이해하는 능력을 잃는다고 해서 반드시 문장을 생성하는 능력까지 잃지는 않는 이유가 설명되기 때문이다. 어떤 뇌 손상 환자들은 장기기억을 잃어버리지만(기억상실증), 단기기억과 말하고 이해하는 능력은 말짱하다. 역시 이는 모듈성을 두둔하고 마음은 다목적 문제 해결 장치라는 견해를 반박하는 듯하다.

설득력이 있기는 하지만, 이런 종류의 신경심리학적 증거가 모듈성 쟁점을 최종적으로 타결 짓는 것은 아니다. 이러한 증거는 상대적으로 드물다. 단지 사람의 인지 능력이 어떤 영향을 받는지 보기 위해 사람 뇌를 마음대로 손상시킬 수 없다는 것은 분명하다. 게다가 과학에서 늘 그렇듯 데이터를 어떻게 해석해야 할지에 관해서도 심각한 의견 충돌이 있다. 어떤 이들은 뇌 손상 환자에게서 관찰되는 인지 손상의 양식이 모듈성을 함축하는 것은 아니라고 반박한다. 마음이 모듈로 되어 있는 게 아니라 다목적 문제해결 장치가 맞다고 해도, 여전히 별개의 인지 능력들이 뇌 손상에 차별적으로 영향을 받을 가능성이 있다고 주장한다. 그러므로 마음의 건축 양식을 간단히 '읽어낼' 수는 없다고, 기껏해야 결함이 있을 수 있는 증거를 제공할 뿐이라고.

최근에 모듈성에 대한 관심이 높아진 것은 대부분 미국의 철학자 겸 심리학자 제리 포더(Jerry Fodor)의 작업 때문이다. 1983년에 『마음의 모듈성The Modularity of Mind』이라는 책에서 포더는 모듈이란 무엇인가에 대한 새로운 설명과 함께 어떤 인지 능력이 모듈이고 어떤 것은 아닌가에 관한 흥미로운 발상들을 내놓았다. 포더는 마음 모듈에 독특한 특징이 몇 가지 있고, 그중에서도 다음 세 가지가 중요하다고 논했다. 첫째, **영역특수적**(domain-specific)이다. 둘째, **의무적**(mandatory)으로 작동한다. 셋째, **정보가 차단되어 있다**(informationally encapsulated). 모듈이 아닌 체계에는 이러한 특징이 없다. 그런 다음 포더는 마음은 전체적으로는 아니더라도 부분적으로는 모듈로 되어 있다고, 다시 말해 우리는 어떤 인지 과제는 전문화된 모듈을 써서 해결하고, 그 밖의 인지 과제는 일반 지능을 써서 해결한다고 논했다.

인지 체계가 영역특수적이라는 말은 그것이 전문화, 다시 말해 정확하게 테두리가 정해진 일련의 제한된 과제를 수행한다는 말이다. 촘스키가 가정한 '언어 습득 장치'가 일례이다. 이 장치에는 오로지 아이가 언어를 배울 수 있도록 해주는 기능만 있다. 그 장치는 아이가 체스를 두거나, 셈을 하거나, 다른 어떤 것을 하는 법을 배우도록 돕지 않는다. 그래서 언어가 아닌 입력은 그냥 무시한다.

인지 체계가 의무적이라는 말은 그 체계를 작동시킬지 말지를 우리가 선택하지 못한다는 말이다. 언어의 지각이 일례이다. 아는 언어로 발화된 문장이 들리면 그것을 문장의 발화로 듣는 수밖에 없다. 누군가가 그 문장을 '순수한 잡음'으로 들어달라고 해도, 아무리 열심히 노력해봤자 요구에 따를 수 없을 것이다. 포더는 모든 인지 과정이 이런 식으로 의무적인 것은 아니라고 말한다. 생각하기는 분명 의무적인 것이 아니다. 누군가가 일생에서 가장 무서웠던 순간 또는 복권에 당첨되면 하고 싶은 일을 떠올리라고 한다면, 분명 지시에 따를 수 있을 것이다. 그러므로 이런 면에서 생각하기와 언어 지각은 전혀 다르다.

정보 차단성은 어떨까? 한 실례가 이 개념을 가장 잘 보여준다. 그림 10의 두 평행선을 보자.

사람들 대부분에게 위의 선이 아래의 선보다 약간 더 길어 보인다. 하지만 사실 이것은 뮐러-리어 착시로 알려진 시각적 착각이다. 두 선은 실제로는 길이가 같다. 왜 위의 선이 더 길어 보이는지 다양한 설명이 제시되어왔지만 여기서 그 설명에 신경을 쓸 필요는 없다. 요점은 이것이다. 착시 때문이라는 것을 알아도 두 선은 계속해서 길이가 달라 보인다는 점이다. 포더에 따르면 이 간단한 사실이 마음의 건축 양식을 이해하는 데 중요한 의미를 함축한다. 두 선의 길이가 같다는 정보가 저장된 인지적 마음의 영역에 우리의 지각 기제는 접근

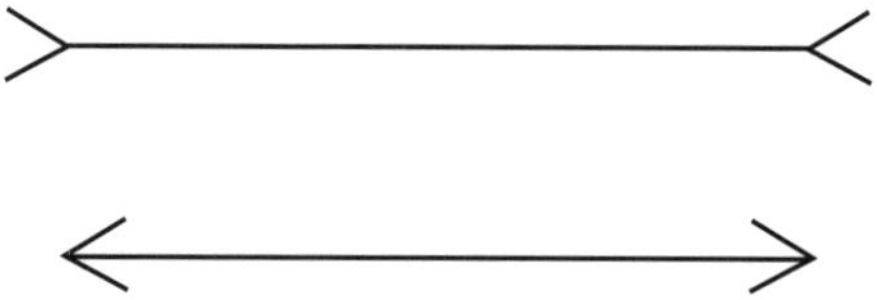

10. 뮐러-리어 착시.

할 수 없음을 보여주기 때문이다. 시각적 지각이 이런 식으로 정보가 차단되지 않고 마음에 저장된 모든 정보를 이용할 수 있다면, 두 선이 실은 길이가 같다는 말을 듣자마자 그 착각은 사라질 것이다.

정보 차단의 사례가 될 수 있는 또 한 가지 실례는 인간의 공포증이라는 현상에서 나온다. 인간들 사이에 널리 퍼져 있는 뱀 공포증을 생각해보자. 예컨대 어느 특정한 뱀의 독 분비샘을 제거했다는 말을 들어서 그 뱀은 위험하지 않다는 것을 안다고 해도, 여전히 십중팔구는 그 뱀을 무서워하며 만지고 싶어하지 않을 것이다. 이런 종류의 공포증은 흔히 훈련으로 극복할 수 있지만, 그것은 다른 문제이다. 뱀이 보였을 때 공포 반응을 만들어내는 마음의 부분은 그 뱀이 위험하지 않다는 정보에 접근할 수 없다. 이는 정보가 차단되어 있는 '뱀에 대한 공포' 모듈이 모든 인간에게 내장되었음을 시사한다.

마음의 모듈성 쟁점이 왜 철학적 쟁점인지 궁금할 것이다. 마음이 모듈로 되어 있느냐 여부는 단지 과학적 사실의 문제인 게 틀림없지 않은가? 어떤 면에서는 옳은 말이지만, 이 논쟁은 인지 과제와 모듈을 어떻게 세어야 하는가와 관계가 있다. 모듈성을 옹호하는 사람들은 마음에 서로 다른 인지 과제를 수행하도록 전문화된 모듈들이 담겨 있다고 여기고, 반대자들은 이를 부인한다. 하지만 두 인지 과제가 같은지 다른

지는 어떻게 결정할까? 얼굴 알아보기는 단일한 인지 과제일까, 아니면 예컨대 남자 얼굴 알아보기와 여자 얼굴 알아보기라는 두 가지 별개의 인지 과제로 이루어졌을까? 긴 나눗셈과 곱셈은 서로 다른 인지 과제일까, 아니면 둘 다 산수라는 더 일반적인 과제의 일부일 뿐일까? 이런 질문은 단순한 경험적 질문이 아니라 개념적 또는 철학적 질문이고, 모듈성 논쟁에 결정적인 질문이 될 수 있다. 모듈성을 부인하는 어떤 사람이 우리가 단일한 인지 능력을 써서 다양한 유형의 인지 과제를 수행한다는 것을 보여주는 실험적 증거를 만들어낸다고 하자. 그러나 그의 반대자는 실험 데이터는 인정하지만 문제의 인지 과제들이 모두 **같은** 유형이라고, 따라서 그 데이터는 모듈성과 완벽하게 양립 가능하다고 논박할지도 모른다. 그러므로 모듈성 논쟁이 명확히 규정되려면 원칙에 입각해 인지 과제와 모듈을 세는 방법이 필요하다.

두번째 철학적 차원은 모듈성의 옹호자와 반대자 모두가 자신들의 견해를 뒷받침하면서 직접적인 경험적 증거에 덧붙여 선험적 논증을 이용해왔기 때문에 생겨난다. 포더 자신이 지각과 언어는 모듈일 수 있지만, 사고와 추리는 '전체론적'이므로 모듈일 수 없다고 논했다. 포더의 논변을 이해하기 위해, 당신이 어떤 평결을 내릴지 심사숙고하고 있는 배심원이라고 하자. 당신이 고려할 한 가지는 피고의 이야기가 논리적으로 일관적이냐 여부—이야기에 모순이 없는가—이다. 그리고 피고에게 불리한 증거가 실제로 얼마나 강력한가도 자문할 것이다. 여기에 적용하는 추리 기술들—논리적 일관성 시험하기와 증거 평가하기—은 **일반적** 기술이지 배심원이 되었을 때 사용하려고 특별히 고안한 기술이 아니다. 그러므로 당신이 피고의 유죄 여부를 숙고하는 동안 발휘하는 인지 능력들은 영역특수적이지 않다. 의무적으로 작동하지도 않는다. 피고가 유죄냐 아니냐는 의식적으로 고려해야 하고, 원한다면 언제나, 예컨대 점심시간에는 사고를 멈출 수도 있기 때문이다. 마지막으로, 정보 차단도 없다. 당신의 과제는 **모든 것을 고려한 뒤** 피고가 유죄냐 아니냐를 결정하는 것이므로, 당신은 당신이 지닌 배경 정보 가운데 관련된다고 여겨지는 모든 정보에 의지해야 할 것이다. 예컨대 피고가 반대 심문을 받으면서 초조하게 몸을 떤다면 당신은 초조한 몸 떨기를 흔한 유죄의 징후라 믿고서, 평결에 도달하는 과정에서 이 믿음에 의지할 것이다. 그러므로 (판사가 당신에게 어떤 것들은 무시하라고 말할 수도 있지만) 평결에 도달하기 위해 당신이 활용하는 인지 기제들이 접근할 수 없는 정보의 저장소는 없다. 간단히 말해 피고가 유죄냐 아니냐를 결정하기 위한 모듈 따위는 없다. 당신은 당신의 일반 지능을 써서 이 인지 문제와 맞붙는다.

어떤 심리학자들은 포더보다 더 나아가 마음 전체가 모

듈로 되어 있다며 의견을 내놓았다. 이는 '대량 모듈성 가설(massive modularity hypothesis)'로 알려져 있다. 대량 모듈성의 옹호자들은 일반적인 근거를 들어 인간의 마음이 모듈 조직을 보여주리라 기대해야 한다고 논변한다. 이들의 주된 논변은 다윈주의에서 말하는 적응성을 고려하는 데서 나온다. 일반적으로 인간의 마음은 플라이스토세(世)〔약 260만 년 전부터 1만 년 전까지의 지질 시대—옮긴이〕에 진화해 우리의 사람과(科) 조상들로 하여금 사회적 · 환경적으로 직면한 도전들을 해결하도록 해주었다고 추정된다. 이들의 의견은 모듈 조직이 이러한 도전을 해결하고 그 결과로 적응력 있게 행동하는 가장 효율적인 방법을 제공한다는 것이다. 저마다 주어진 과제를 위해 전문화된 한 묶음의 전용 모듈은 문제를 더 빠르고 더 정확하게 해결하도록 해준다. 스위스 군용 칼에 비유하면 적절하다. 깡통 따기, 병 따기, 나사 돌리기를 위한 도구가 따로따로 있다면 분명 이 모든 일을 할 수 있는 만능 도구 하나만 있는 것보다 더 낫다. 마찬가지로 예컨대 얼굴 알아보기, 언어 배우기, 배우자 고르기를 위한 모듈이 따로따로 있는 마음이 다목적 문제 해결사인 마음보다 효율적일 것이다. 그러므로 최적의 설계를 고려하면 마음의 모듈성을 지지하게 된다는 게 이 논변의 전개이다.

이와 관련된 논변에 따르면 한 인간은 자신의 생애에서 적응력 있게 행동하는 데 필요한 정보를 모두 얻을 수 없다. 학습의 기회가 너무 적기 때문이다. 그러므로 마음은 아이가 적절한 인지 기술들을 발달시키고, 그렇게 해서 잘 적응해 행동할 수 있도록 해줄 선천적인 정보를 차단된 모듈 안에 담고 있어야 한다. 촘스키의 언어 습득 모듈이 이 점을 예증한다. 이 모듈은 인간이 사용하는 모든 언어 문법에 관한 선천적 정보를 담고 있어서, 최소한의 입력만 주어지면 아이가 어떤 언어든 습득할 수 있도록 해준다. 인지 과제를 해결하는 데 필요한 정보와 학습으로 얻을 수 있는 정보 사이의 이 '괴리'가 모듈식 인지 조직을 변론하는 데 흔히 사용된다. 그렇지만 엄밀히 말하자면 이는 모듈성 자체가 아니라 마음에 선천적 정보가 담겨 있다는 점을 변론한다. 두 발상은 논리적으로 구별되지만, 실제로 모듈성의 변호인은 선천적 정보를 믿는 경향이 있고, 선천적 정보를 믿는 사람은 모듈성을 변호하는 경향이 있다.

모듈성과 선천성 사이의 이 관계는 모듈성 논쟁을 철학적으로 중요하게 만드는 또 한 측면을 가리킨다. 마음에 선천적 정보가 담겨 있다는 발상은 전통적인 경험주의 철학과 날카롭게 대립한다. 경험주의 철학에 따르면 모든 지식은 경험에서 나오기 때문이다. 17세기와 18세기에 존 로크나 데이비드 흄 같은 경험주의자들은 인간의 마음이 태어날 때 아무것도 쓰여 있지 않은 '빈 서판(tabula rasa)'이라고 논변했다. 인간은 오로지 경험으로써 개념과 지식을 얻는다. 이 경험주의 신조는 존경할 만도 하고 첫눈에 많은 사람에게 자명한 사실로 다가온다. 그러나 촘스키는 선천적으로 보편 문법에 관한 정보를 담고 있다는 자신의 언어 습득 모듈이 경험주의 철학의 반증임을 논변했다. 촘스키의 논변이 옳다면—뜨거운 쟁점이기는 하지만—우리는 과학적 연구 결과가 전통적 철학 논쟁에 어떻게 영향을 미치는지 보여주는 흥미로운 일례를 얻게 된다.

대량 모듈성 명제가 옹호할 만하다고 입증될지 어떨지 말하긴 너무 이르다. (변론이건 반론이건) 선험적 논변 자체만으로는 쟁점을 해결하지 못한다. 직접적인 증거가 필요하다. 포더 자신도 대량 모듈성을 받아들이지 않았고, 그 결과로 인지심리학이 언젠가 인간 마음의 작동 방식을 설명할 가능성에 대해서는 비관적이다. 그는 오직 모듈 체계만 과학적으로 연구할 수 있다고—비모듈 체계는 정보가 차단되어 있지 않기 때문에 모형화하기가 훨씬 더 어렵다고—믿는다. 그러므로 포더에 따르면 인지심리학자에게 최선의 연구 전략은 사고와 추리를 제쳐놓고 지각과 언어에 초점을 맞추는 것이다. 하지만 놀라울 것도 없이, 포더의 이러한 생각에 대해서는 논란이 대단히 많다.

제 7 장

과학과
과학의 비판자들

많은 사람이 과학은 좋은 것이라는 생각을 당연히 여긴다. 이유는 명백하다. 어쨌거나 과학은 그동안 우리에게 전기, 안전한 마실 물, 페니실린, 항공 여행을 주었고, 이 모두가 의심할 여지없이 인류에게 이익이 되었다. 하지만 인간의 복지에 이처럼 인상적으로 기여했음에도 불구하고 과학에 대한 비판자가 없지 않다. 어떤 사람들은 사회가 예술을 희생하고 과학에 지나치게 많은 돈을 들인다고 설파한다. 어떤 사람들은 과학이 대량 파괴 무기를 생산하는 능력처럼 없는 편이 더 나았을 기술적 능력들을 우리에게 주었다고 여긴다. 어떤 페미니스트들은 과학은 본래 남성 편향적이라고 토로한다. 종교적 신념을 가진 사람들은 과학이 자신들의 신앙을 위협한다고 느끼곤 한다. 인류학자들은 서양 과학이 토착 문화의 지식과 믿음보다 스스로가 우월하다고 가정한다는 이유로 서양 과학을 오만하다고 비난해왔다. 과학에 대한 비판의 목록을 남김없이 거론하는 대신, 이번 장에서 우리는 철학적으로 각별히 흥미로운 세 가지 비판에 주의를 국한한다.

과학만능주의

'과학적'이라는 낱말은 현대에 들어와 이상한 공인을 얻었다. 만약 누군가가 당신더러 비과학적으로 행동한다고 말한다면, 그 사람은 분명 당신을 비난한 것이다. 과학적 행동은 합리적이고 칭찬할 만한 행동이며, 비과학적 행동은 불합리하고 경멸할 만한 행동이다. 무언가를 과학적이라고 부르는 게 왜 이러한 의미를 함축해야 했는지는 알기 어렵지만, 현대 사회에서 과학이 지닌 높은 지위와 관계가 있을 것이다. 사회는 과학자를 전문가로 취급하고, 중요한 문제들에 대해 꼬박꼬박 그들의 의견을 구한다. 물론 과학자도 틀릴 때가 있다는 것은 누구나 인정한다. 예컨대 1990년대 초에 영국 정부의 과학 고문들이 '광우'병은 인간에게 위협을 가하지 않는다고 선언한 것은 결국 비극적 실수로 드러났을 뿐이다. 하지만 이따금 일어나는 이런 종류의 사고는 대중이 과학에 부여하는 신뢰도나 과학자들이 지닌 자부심을 흔들지 못하는 편이다. 많은 나라에서 과학자는 과거의 종교 지도자 못지않아 보인다. 평신도는 접근할 수 없는 전문 지식의 소유자인 것이다.

'과학만능주의'란 과학 숭배로 보이는 것—과학을 향한 과도하게 경건한 태도—을 기술하기 위해 일부 철학자가 사용하는 경멸적 용어이다. 과학만능주의의 반대자들은 과학이 유일하게 타당한 지적 시도의 형태가 아니며, 세계를 이해하는 유일한 길도 아니라고 설파한다. 이들은 흔히 자기들은 과학 자체에 반대하는 것이 아님을 강조한다. 과학의 방법은 반드시 모든 주제에 적용 가능하다는 가정을 반대한다고 말한다. 그러므로 이들의 목표는 과학을 공격하는 것이 아니라 과학적 지식이 곧 존재하는 모든 지식이라는 발상을 거부함으로써 과학이 분수를 알게 하는 것이다.

과학만능주의는 다소 모호한 신조이고 경멸의 용도를 지닌 용어이므로 과학만능주의를 믿는다고 노골적으로 인정하는 사람은 없을 것이다. 그럼에도 불구하고 지적 풍토의 내막을 들여다보면 과학 숭배와 흡사한 뭔가가 있다. 이것이 반드시 나쁜 것은 아니다. 어쩌면 과학은 숭배될 자격이 있는지도 모르니까. 그것이 실재하는 현상인 것만은 확실하다. 과학을 숭배한다는 이유로 흔히 비난받는 분야는 현대 영어권 철학이다. (과학철학은 현대 영어권 철학의 한 분과일 뿐이다). 역사적으로 수학, 과학과 밀접하게 연관되어 있음에도 철학이 전통적으로 인문과목으로 여겨지는 데는 그럴 만한 이유가 있다. 철학은 예컨대 지식의 본성, 도덕성, 인간의 행복에 관한 질문을 던지는데, 이는 과학적 방법으로 해결 가능한 질문처럼 보이지 않기 때문이다. 과학의 어떤 분과도 우리에게 삶을 어떻게 이끌어가야 하는지, 지식이란 무엇인지, 인간의 번영에는 무엇이 수반되는지 말해주지 않는다. 이것들은 본질적으로 철학적인 질문이다.

이에 비추면 놀라워 보일 테지만, 일부 철학자는 과학이 앎으로 가는 유일하게 정당한 길이라고 주장한다. 과학적 수단으로 해결할 수 없는 질문은 결코 진짜 질문이 아니라고 여긴다. 유명한 20세기 영국의 철학자 버트런드 러셀(Bertrand Russell)이 이 견해를 지지하며 이렇게 썼다. "얻을 수 있는 모든 지식은 과학적 방법으로 얻어야 하며, 과학이 발견할 수 없는 것은 인류가 알 수 없는 것이다." 이 견해를 뒷받침하는 근거는 이른바 '자연주의', 우리 인간은 자연계의 본질적인 일부이지 한때 믿었던 것처럼 자연계에서 동떨어진 존재가 아님을 강조하는 신조에 있다. 과학은 자연계 전체를 연구하니, 철학이 끼어들 틈 없이 인간의 조건에 관한 진리를 모조리 드러낼 능력이 과학에 있어야 마땅하지 않은가? 이 견해에 의하면, 철학에는 그것만의 독특한 주제가 없다. 철학이 뭐라도 쓸

모 있는 구실을 한다면, 그것은 '과학적 개념들을 명확히 하는 일'—과학자들이 그들의 일을 해나갈 수 있도록 덤불을 치워주는 일—이다.

놀라울 것도 없이 철학자들은 자기네 분야를 이처럼 과학에 종속시키기를 거부한다. 이것이 과학만능주의에 반대하는 한 원인이다. 이들은 철학적 탐구가 그것만의 고유한 방법들을 가지고 과학은 드러낼 수 없는 진리를 드러낸다고 논변한다. 이 견해의 지지자들은 철학이 과학의 가르침과 모순되는 주장을 내세우면 안 된다는 의미에서, 철학이 과학과의 일치를 목표로 해야 한다는 것을 인정한다. 그리고 전형적으로 우리 인간은 자연적 질서의 일부이므로 과학의 범위에서 면제되지 않음을 인정한다. 그러나 그렇다고 해서 과학이 세계에 관한 지식을 얻는 유일하게 정당한 출처는 아니라고 논변한다.

이러한 철학적 탐구의 방법은 정확히 어떤 것일까? 논리적 추리, 사고 실험, 이른바 '개념 분석(conceptual analysis)' 따위이다. 개념 분석이란 우리의 직관에 의지해 특정 사례가 그 개념에 들어가느냐에 따라 특정 개념의 한계를 정하려는 노력이다. 예컨대 지식이 참된 믿음과 동일하냐고 묻는 고전적인 철학적 질문이 있다. 철학자 대부분은 '아니다'가 답이라고 말한다. 어떤 사람이 특정한 명제를 참으로 믿지만 그것을 안다고 말할 수 없는 사례를 구성할 수 있다는 점을 근거로 든다.

(예컨대 당신이 시계를 보니 지금 시각이 6시 10분이어서 그렇게 믿는다고 하자. 사실 시계는 고장이 났지만 공교롭게도 시간은 실제로도 6시 10분이 **맞다**! 그러므로 당신의 믿음은 참이지만, 직관적으로 당신은 단지 '행운을 만난' 것이지 시간이 6시 10분임을 **아는** 것은 아니다.) 그러므로 개념 분석을 써서 우리는 지식과 참된 믿음이 동일하지 않음을—이것이 실질적인 철학적 진리임을—입증할 수 있다. 이는 일례일 뿐이지만 비과학적인 고유한 방법으로 철학적 탐구도 진짜 지식을 낳을 수 있다는 발상을 예증한다.

이 논쟁을 어떻게 평가해야 할까? 한편으로는 진짜 철학적인 질문인 것처럼, 어떤 과학의 출처에서도 벗어나 있는 것처럼, 철학자만의 독특한 방법들로 답할 수 있는 것처럼 보이는 철학적 질문의 예들이 분명 있다. 그러나 이러한 사실에 맞서, 예컨대 지각, 상상, 기억처럼 철학의 역사에서 논의되었던 질문의 다수는 경험과학, 특히 심리학의 문제임이 밝혀져왔다. 실은 '철학적' 질문으로 분류되는 쓸 만한 질문들은 과학이 점점 더 많이 가져다 쓴 수 세기 동안 규모가 줄어들어왔다. 더욱이 철학적 탐구와 과학적 탐구는 자율적으로 각자의 방법에 의존한다는 발상도 희망 사항에 불과할 뿐이라고 비난받아왔다. 반대자들은 과학의 확실한 진보와 달리 철학에서는 진보를 알아차리기가 어렵다고 지적한다.

자연과학과 사회과학의 관계에서도 비슷한 쟁점이 제기된다. 철학자들이 때때로 철학 분야의 '과학 숭배'를 불평하는 것과 마찬가지로, 사회과학자들도 때때로 사회과학 분야의 '자연과학 숭배'를 불평한다. 흔히 물리학, 화학, 생물학 같은 자연과학이 경제학, 사회학, 인류학 같은 사회과학보다 앞선 상태로 느껴진다. 전자는 대단한 예측력을 가진 정밀한 법칙들을 공식화할 수 있는 반면, 후자는 대개 그러지 못한다. 왜 그래야 할까? 자연과학자들이 사회과학자들보다 똑똑하기 때문일 리는 없다. 한 가지 가능한 답은 자연과학의 **방법들**이 우수하다는 것이다. 이 말이 옳다면 사회과학이 따라잡기 위해 해야 하는 일은 자연과학의 방법들을 흉내내는 일이다. 사회과학에서 수학을 쓰는 일이 늘어난 것도 어느 정도는 이러한 태도의 결과일 것이다. 물리학은 갈릴레이가 운동의 묘사에 수학의 언어를 적용하는 단계를 밟은 순간 엄청나게 약진했다. 그러므로 사회과학의 주제를 '수학화하는' 견줄 만한 방법을 찾을 수만 있다면, 사회과학에서도 견줄 만한 약진을 달성할 수 있을지 모른다는 생각은 솔깃하게 들린다.

그러나 일부 사회과학자는 사회과학자가 자연과학을 이런 식으로 우러러봐야 한다는 제안에 저항하면서, 이들은 자연과학의 방법들이 사회 현상을 연구하는 데 반드시 적합한 것은 아니라고 반박한다. 그들은 사회과학이 전형적으로 자연과학에 비해 궁핍하다는 것을 부인한다. 그러면서 사회 현상의 복잡성과 대조 실험을 하기 어렵다는 사실을 거론하며 예측력을 가진 정밀한 법칙을 찾았느냐가 성공의 적절한 기준은 아니라고 말한다.

이 논변의 영향력 있는 판본 하나는 19세기 독일의 사회학자 빌헬름 딜타이(Wilhelm Dilthey)와 막스 베버(Max Weber)에게서 나온다. 두 사람은 사회 현상을 그것에 책임이 있는 행위자(들)의 관점에서 이해해야 한다고 논변했다. 사회 현상을 자연 현상과 구분 짓는 것은 전자가 인간의 의도적 행위의 결과라는 점이다. 따라서 사회과학적 탐구에는 특수한 유형의 이른바 이해(verstehen)가 필요하다. 여기에는 어떤 사회적 행위가 행위자에게 지니는 주관적 의미를 파악하려는 노력이 수반된다. 예컨대 어떤 종교 의식을 연구중인 인류학자는 그 의식이 참여자들에게 지니는 의미를 이해해야 한다. 자연과학의 방법들을 적용해서 얻을 수 있을 순수하게 '객관적인' 분석은 그 의식의 의미라는 결정적인 문제를 무시하므로 그 의식을 정말로 이해하는 결과를 낳을 수 없다. 따라서 '이해'의 신조는 자연과학과 사회과학 사이에 뚜렷한 불연속성을 상정한다. 이 신조는 특히 20세기 인류학과 사회학 발전에 중요한 영향을 끼쳤다.

과학만능주의 쟁점도, 자연과학 및 사회과학에 관한 유사한 쟁점도 해결하기는 쉽지 않다. 부분적인 이유는 바로 '과학의 방법들' 또는 '자연과학의 방법들'이 실제로 무엇으로 이뤄지는지 분명하지 않기 때문이다. 논쟁의 양편 모두 흔히 이 점을 간과한다. 과학의 방법들이 모든 주제에 적용될 수 있는지 또는 모든 중요한 질문에 답할 수 있는지 알고 싶다면, 바로 그 방법이란 무엇인가를 분명하게 알아야 한다. 하지만 앞에서 보았듯이 이는 보기보다 간단치 않은 질문이다. 과학적 탐구의 주된 특징들 가운데 실험적 시험, 관찰, 이론 구축, 귀납 추론 등 일부를 알고 있는 것은 확실하다. 그러나 이 목록이 '과학적 방법'의 정확한 정의를 제공하지는 않는다. 그러한 정의를 제공하는 게 가능한가조차 명백하지 않다. 과학은 시간이 가면서 엄청나게 변화한다. 그러니 모든 과학 분야에서 항상 사용하는 고정 불변의 '과학적 방법'이 있다는 가정은 필연적인 것이 아니다. 이러한 가정은 과학이 앎으로 가는 유일한 경로라는 주장 그리고 어떤 질문들은 과학적 방법으로 답할 수 없다는 반대 주장에도 내재한다. 즉 과학만능주의에 관한 논쟁은 다소간 거짓 상정에 달려 있음을 시사한다.

과학과 종교

과학과 종교 사이의 긴장은 역사가 길다. 가장 잘 알려진 예는 아마도 갈릴레이와 가톨릭교회의 충돌일 것이다. 1633년에 종교재판소는 갈릴레이에게 코페르니쿠스주의 견해를 공개적으로 철회하라고 강요한 뒤, 말년을 피렌체의 자택에 연금된 채 보내라는 선고를 내렸다. 교회가 코페르니쿠스의 이론에 반대한 이유는 당연히 그의 이론이 성서에 위배되기 때문이었다. 최근 들어 가장 두드러졌던 과학과 종교 간의 충돌은 미국에서 다윈주의자와 '지적 설계'의 옹호자 사이에서 벌어진 신랄한 논쟁이었다. 여기서는 이 논쟁에 초점을 맞출 것이다.

다윈의 진화론에 대한 신학의 반대는 하나도 새롭지 않다. 『종의 기원』은 1859년에 출간되자마자 영국 성직자들에게서 비판을 받았다. 이유는 명백하다. 다윈의 이론은 인간을 포함한 모든 현생종이 공통 조상으로부터 오랜 기간에 걸쳐 유래했다고 우긴다는 것이다. 이 이론은 분명 조물주가 엿새에 걸쳐 모든 살아 있는 피조물을 창조했다는 창세기에 모순된다. 일부 다윈주의자들은 창세기를 문자 그대로 해석해서는 안 된다—비유 또는 상징으로 여겨야 한다—고 논변함으로써, 자신들의 기독교 신앙을 진화에 대한 믿음과 화해시키려 애써왔다.

그러나 미국에서 많은 복음주의 신교도는 과학적 연구 결과에 맞춰 종교적 믿음을 굽히기를 꺼려왔다. 이들은 성서에 나오는 천지창조 설명이 문자 그대로 진실이라고, 그러므로 다윈의 진화론은 완전히 틀렸다고 단언한다. '창조론'으로 알려진 이 견해를 미국 성인 인구의 약 40퍼센트가 받아들인다. 창조론은 강력한 정치 세력이어서 과학자들에게는 경악스럽게도 미국 고등학교에서 생물학을 가르치는 일에 수십 년에 걸쳐 상당한 영향을 끼쳤다.

미국 헌법이 공립학교에서 종교를 가르치는 행위를 금지하므로, '창조과학'이 발명되었다. 창조과학의 주장에 따르면 성서의 창조 해설이 다윈의 진화론보다 지구상의 생명을 더 과학적으로 설명해준다. 그러므로 성서에 나오는 천지창조를 가르치는 것은 헌법의 금지령을 어기지 않는다. 왜냐하면 그것은 종교가 아니라 과학이니까! 1981년 아칸소 주에서는 생물 교사들이 진화론과 창조과학에 '동등한 시간'을 배정하라고 요구한 법을 통과시켰다. 그러나 이듬해에는 연방판사가 이 법을 뒤엎었고, 1982년에는 대법원 판결로 공립학교에서 창조과학을 가르치는 일을 위헌으로 규정했다. 이러한 법적 패배에 따라 창조과학 운동은 영리하게도 '지적 설계(intelligent design)'라는 상표 아래 스스로 쇄신했다. 이 명칭은 '설계 논증'으로 알려진 신의 존재에 관한 유구한 변론을 암시한다. 설계 논증에 따르면 생물학적 유기체라는 복잡한 존재는 그 유기체를 지적인 신이 창조했다고 가정해야만 설명될 수 있다.

이 신은 대개 기독교의 하느님과 동일시된다. 설계 논증은 다윈 이전 시대에는 지적 주류의 일부였지만, 현대 생물학자들에게는 말할 것도 없이 퇴짜를 맞는다. 지적 설계의 옹호자들은 생물학적 유기체가 다윈주의의 수단으로는 진화했을 수 없는, 따라서 신의 수공품이라는 증거인 '환원 불가능한 복잡성(irreducible complexity)'을 나타낸다고 주장하면서 이 논증을 소생시켰다. '환원 불가능하게 복잡한' 체계란 상호작용하는 여러 부품 하나하나가 체계의 작동에 결정적인—부품을 하나라도 빼거나 바꾸면 무너져버리는—체계이다. 생물학적 유기체들 그리고 실은 개별 세포들도 이런 의미에서 복잡한 것은 사실이다. 둘 다 많은 생화학적 구성 요소의 조화로운 활동에 작동이 달려 있기 때문이다. 지적 설계 진영은 이런 종류의 상호의존성은 자연선택에 의해 진화했을 수 없다고 주장한다.

최근에야 눈길을 끌었지만 이 논증은 새 병에 담은 헌 술이다. 『종의 기원』에서 다윈 자신이 척추동물의 눈이라는 엄청나게 복잡한 기관이 어떻게 자연선택에 의해 진화했을지 의아해하며 이는 얼핏 "터무니없는" 일처럼 보인다고 적었다. 그러나 다윈은 단계마다 선택적 이점을 부여하는 일련의 점진적 개선 덕에 (아마도 빛을 감지하는 세포가 몇 개밖에 없는) 단순했던 눈이 현대의 눈으로 이어지는 연속적 사건을 상상함으로써 이 어려움을 해결할 수 있다고 믿었다. 구성 요소들이 정교하게 조율된 엄청나게 복잡한 기관도 이런 식으로 자연선택에 따라 진화할 수 있었다. 눈의 진화의 중간 단계가 어떤 것인지 다윈 자신은 짐작밖에 할 수 없었다. 하지만 최근의 과학적 작업은 온갖 척추동물 종의 배아기 눈 발생 연구, 상세한 유전자 분석을 바탕으로 그럴듯한 연속 단계를 구체적으로 간파하게 해주었다. 그렇게 해서 눈이 자연선택으로 생겨났을 수 없다는 의견은 성공적으로 논박되었다. 교훈을 일반화하자면, 유기체가 진화 과정에서는 생겨날 수 없는 특징들을 보여준다는 발상을 뒷받침하는 증거는 전혀 없다.

지적 설계의 옹호자들은 '환원 불가능한 복잡성'을 강조한데 더해 다른 방식으로도 다윈주의 세계관의 기반을 약화하려 해왔다. 이들은 다윈주의를 뒷받침하는 증거가 결정적이지 않으므로 다윈주의는 확립된 사실이 아니라 하나의 이론일 뿐이라고 반박한다. 그 밖에도 이들은 다윈주의자들 사이의 다양한 내부 논쟁에 초점을 맞춰왔고, 진화론에 동의하지 않는 태도도 과학적으로 존중할 만함을 보여주려고 생물학자들 개인의 부주의한 말 몇 마디를 붙들고 늘어졌다. 다윈주의는 '하나의 이론일 뿐'이므로 학생들은—지적인 신이 모든 살아 있는 유기체를 창조했다는 이론 같은—대체 이론들에도 노출되어야 한다는 게 그들의 결론이다.

어떤 면에서 다윈주의는 '하나의 이론일 뿐'이며 증명된 사실이 아니라는 말은 꽤 정확하다. 제2장에서 보았듯이 어느 과학 이론이 참이라는 것을 엄격한 의미에서 **증명**하는 일은 결코 가능하지 않다. 데이터에서 이론으로의 추론은 어김없이 비연역적이기 때문이다. 하지만 이는—진화론 자체와는 아무 상관도 없는—일반적인 점이다. 같은 이유로 지구가 태양 주위를 돈다는 것, 물이 H_2O로 이루어져 있다는 것, 떠받치지 않은 물체는 떨어지는 경향이 있다는 것도 '하나의 이론일 뿐'이라고 논변할 수 있으므로, 학생들은 이 이론들 각각에 대안을 제시 받아야 한다. 하지만 지적 설계의 옹호자들은 이렇게 논변하지 않는다. 전체로서의 과학에 회의적인 게 아니라, 각별히 진화론에만 회의적이다. 그러므로 그들의 입장이 변호 가능하려면 단순히 우리의 데이터가 다윈의 이론의 참됨을 보장하지 않는다는 점을 공격할 수는 없다. 모든 과학 이론이 마찬가지이고, 실은 상식적 믿음 대부분도 마찬가지이기 때문이다.

또 한 편의 지적 설계 논증은 화석 기록이 단편적이라는 것, 호모 사피엔스의 조상으로 추정되는 화석들에 관한 한 특히 더 그렇다는 것이다. 이 비난에는 얼마간 진실이 있다. 진화론자들은 화석 기록에 있는 틈새들 때문에 오래전부터 당혹스러워했다. 한 가지 끈질긴 수수께끼는 '전이화석'—두 종 사이 중간 생명체들의 화석—이 왜 그렇게 드문가 하는 점이다. 다윈의 이론이 역설하듯이 나중에 오는 종이 앞선 종에서 진화했다면, 전이화석이 흔해야 마땅하지 않은가? 그러나 이는 다윈의 이론에 맞서는 훌륭한 논증이 아니다. 화석은 진화론을 뒷받침하는 증거의 유일한 출처, 아니 주된 출처조차도 아니기 때문이다. 비교해부학, 배아학, 생물지리학, 유전학도 진화론의 출처에 해당한다. 예컨대 인간과 침팬지가 DNA의 98퍼센트를 공유한다는 사실을 생각해보자. 이를 비롯한 수천 가지 사실이 진화론이 참이라면 완벽하게 이해가 되고, 따라서 진화론을 뒷받침하는 훌륭한 증거가 된다. 물론 지적 설계의 옹호자도 이 사실을 설명할 수 있다. 설계자가 설계자 나름의 이유들로 인간과 침팬지를 유전적으로 비슷하게 만들기로 작정했다고 주장할 수 있다. 하지만 이런 부류의 '설명'은 다윈의 이론에는 논리적으로 수반되는 증거가 없으므로, 원론적으로 이와 다른 설명도 지어 붙일 수 있다는 것을 보여줄 뿐이다. 이 방법론적 논점이 적절하기는 하지만, 다윈주의에 대해 특별히 보여주는 것은 아무것도 없다.

지적 설계 진영의 논증은 하나같이 부실하지만 이 논쟁이 과학 교육에 심각한 의문들을 일으키기는 한다. 세속적 교육 체계에서 과학과 신앙의 충돌을 어떻게 처리해야 할까? 고등학교 과학 수업의 내용은 누가 결정해야 할까? 자식이 진화론에 관해 또는 다른 어떤 과학적 문제에 관해 배우기를 원치 않는 부모는 국가가 억압해야 할까? 이러한 의문들은 보통은 대중의 주의를 끌지 못하지만, 다윈주의와 지적 설계의 충돌로 전면에 나서게 되었다.

과학은 가치에서 자유로울까?

과학 지식이 때때로 비윤리적 목적을 위해—예컨대 핵·생화학 무기 제조에—사용되어왔다는 데는 모든 사람이 동의할 것이다. 하지만 이 같은 사례들이 과학 지식 자체에 윤리적으로 반대할 만한 요소가 있음을 보여주지는 않는다. 비윤리적인 것은 그 지식의 **사용**이다. 실은 많은 철학자가 과학 또는 과학 지식이 그 자체로 윤리적이냐 비윤리적이냐 떠드는 것은 무의미하다고 말할 것이다. 과학은 사실에 관한 것인데, 사실 자체에는 윤리적 의미가 없기 때문이다. 옳거나 그른 것, 도덕적이거나 부도덕한 것은 우리가 그러한 사실을 가지고 하는 일이다. 이 견해에 따르면 과학은 본질적으로 **가치에서 자유로운** 활동이다. 과학이 할 일은 세계에 관한 정보를 제공하는 일일 뿐이다. 사회가 그 정보를 가지고 무슨 일을 할지 선택하는 것은 다른 문제이다.

과학을 가치 중립적으로 묘사하는 그림도, 그 그림의 바탕에 깔린 사실/가치 이분법도 모든 철학자가 받아들이는 것은 아니다. 어떤 철학자들은 과학적 탐구에는 어김없이 가치 판단이 실려 있다고 주장한다. 한 변론은 과학자들은 무엇을 연구할지 선택해야 한다는 명백한 사실에서 유래한다. 다시 말해 모든 것을 단번에 조사할 수는 없으니 연구 가능한 여러 대상의 상대적 중요성을 판단해야 할 테고, 이는 약한 의미에서 가치 판단이다. 또 하나의 변론은 모든 데이터 집합은 원론적으로 하나 이상의 방식으로 설명할 수 있다는 사실에서 유래한다. 따라서 과학자가 어느 이론을 선택하느냐는 결코 그의 데이터만으로 결정되지 않을 것이다. 어떤 철학자들은 이를 근거로 이론 선택에는 피할 수 없이 가치가 연관됨을, 따라서 과학은 가치에서 자유로울 수 없음을 보여준다. 세번째 변론은 가치 중립성의 요구와 달리 과학 지식을 응용 의도와 단절시킬 수 없다는 것이다. 이 견해를 토대로 하자면 과학자를 실용적 응용을 고려하지 않고 과학 자체를 위해 사심 없이 연구하는 존재로 그리는 것은 순진한 일이다. 오늘날 민간 부문이 많은 과학 연구의 재정을 부담한다는 사실이 이 견해에 신빙성을 부여한다.

흥미롭기는 하지만 이러한 논증은 모두 다소 추상적이다. 과학에서 가치가 한몫을 하는 실제 사례를 확인하는 게 아니라, 원리의 문제로서 과학은 가치에서 자유로울 수 없으리라는 것을 보여주고자 한다는 말이다. 하지만 가치 적재성의 구체적인 혐의도 제기되어왔다. 여기서 우리는 심리학/생물학과 의학에서 하나씩 뽑은 두 사례에 초점을 맞춘다.

첫번째 사례는 진화심리학 분야, 즉 다윈주의 원리들을 적용해서 인간의 심리적 기질과 그것의 결과인 행동을 이해하려는 시도에 관한 것이다. 얼핏 이 계획은 완벽히 타당하게 들린다. 인간은 동물 가운데 또 한 종일 뿐이고, 생물학자들은 다윈주의 이론으로 동물의 행동과 행동의 심리적 토대를 많은 부분 설명할 수 있다는 데 동의하기 때문이다. 예컨대 생쥐에게는 왜 고양이에 대한 본능적 공포가 있는지 다윈주의에는 명백한 설명이 있다. 과거에 이러한 본능적 공포가 없는 생쥐들은 잡아먹힘으로써, 이러한 공포를 가진 생쥐들이 자손을 더 많이 남기는 경향이 있었기 때문이다. 이 본능이 유전을 기반으로 했고, 따라서 부모에게서 자손에게로 전해졌다고 가정하면 많은 세대 뒤에는 개체군 전체에 퍼졌을 것이다. 진화심리학자들은 인간 심리의 많은 측면에 이런 부류의 다윈주의 설명이 주어질 수 있다고 믿는다.

예를 들어 인간의 짝짓기 취향을 생각해보자. 남성과 여성은 짝짓기 상대를 찾는 속성이 체계적으로 다르다는 증거가 있다. (이 증거의 강도는 논쟁거리이다.) 데이비드 버스(David Buss)가 실시한 대규모 비교 문화 조사로 알려진 바에 따르면 평균적인 남성은 결혼 상대로 자신보다 젊고 생식력이 절정에 가까운 나이(약 24세)인 여성을 선호했다. 반면에 여성은 자신보다 나이가 많은 남성과 결혼하기를 선호했다. 뿐만 아니라 남성에게는 신체적 매력이 더 중요한 반면, 여성에게는 잠재 소득이 더 중요했다. 버스를 비롯한 진화심리학자들은 이러한 취향에 다윈주의 설명이 있다고 논한다. 진화적 관점에서 남성을 위한 최선의 전략은 잠재 생식력이 높은 여성 짝을 찾는 것이다. 그래야 그가 그녀와 함께 가질 수 있는 자손의 수가 최대가 되기 때문이다. 여성은 지위가 높은, 그래서 자원을 통제하고 자손을 부양할 수 있는 남성을 선호해야 한다. (최적 짝짓기 전략의 이러한 차이는 여성에게는 공급할 난자가 한정되어 있는 반면 남성의 정자는 사실상 무한해서 자손을 돌보는 일이 여성에게 더 중요하다는 사실에서 비롯된다.) 그러므로 현대 인간의 짝짓기 취향은 다윈주의 자연선택으로 설명될 수 있다.

인간의 심리적 특성들이 자연선택으로 진화했다는 발상은 그럴법하기는 하지만 진화심리학은 논란의 여지가 많은 분야이고, 종사자들은 사상적으로 편향되어 있다는 비난을 받아왔다. 논란의 역사는 1970년대와 1980년대의 '사회생물학 전쟁'까지 거슬러 올라간다. 인간 사회생물학은 진화생물학의 전조 격인 분야였고, 진화생물학과 똑같이 인간 행동의 다윈주의 설명을 찾는 일에 전념했다. 1975년에 『사회생물학

Sociobiology』이라는 책을 써서 이 분야를 창시한 에드워드 윌슨(E. O. Wilson) 그리고 그의 하버드 동료인 리처드 르원틴(Richard Lewontin)과 스티븐 제이 굴드(Stephen Jay Gould) 사이에서 일련의 신랄한 설전이 벌어졌다. 윌슨은 공격성, 강간, 외국인 혐오를 포함한 인간의 사회적 행동 다수에는 진화적 기초가 있으며, 이것이 우리 조상의 번식 성공률을 높여주었기 때문에 자연선택으로 지지되는 적응이라고 주장했고, 여기서 논쟁이 촉발되었다.

사회생물학은 온갖 비판을 끌어들였다. 어떤 비판은 엄격하게 과학적이었다. 비판자들은 사회생물학적 가설은 시험하기가 힘들기 때문에 확립된 사실이 아니라 추측으로 보아야 하며, 인간의 행동에 미치는 문화적 영향을 경시해서는 안 된다고 지적했다. 하지만 그 밖의 사람들은 사회생물학적 사업 전체가 이념적으로 의심스럽다고 주장하면서 더 근본적인 이의를 제기했다. 이들은 그 사업을 대개는 남자들이 반사회적 행동을 변명하거나, 일정한 사회적 합의의 불가피성을 변론하려는 시도라고 보았다. 예컨대 사회생물학자들은 강간이 유전적 요소를 지니고 있으며 다윈주의 선택에 의해 생겨났다고 논변함으로써 강간은 '자연스럽다'는 것, 따라서 강간범들이 반드시 자기 행동에 책임이 있지는 않다는 것—그들은 자신의 유전적 충동에 복종하고 있다는 것—을 암시하는 것 같았다. 간단히 말해 사회생물학은 가치가 적재된 과학이며 그 과학에 적재된 가치들은 매우 의심스럽다는 게 비판자들의 비난이었다. 현대 진화심리학은 여러모로 1970년대와 1980년대 사회생물학의 개선을 대변한다. 진화심리학에서 이루어지는 최고의 작업은 탄탄한 경험적 근거를 가지고 있고 가장 엄격한 과학적 기준을 만족시킨다. 초기 사회생물학자들의 순진한 유전자 결정론은 미묘한 차이가 늘어난 그림으로 바뀌어 왔다. 새로운 그림 안에서는 유전자뿐만 아니라 문화적 요인도 행동에 영향을 미친다는 점이 인정되고, 다문화에 의한 다양성도 무시되지 않는다. 그러나 진화심리학은 계속해서 비판자를 끌어들인다. 부분적으로는 선행했던 사회생물학과 마찬가지로 인간 본성의 '어두운' 면을 강조하고, 성 행위, 짝짓기, 결혼과 관련된 문제들과 선천적이라고 추정되는 남녀의 심리적 차이에 초점을 맞추는 데 있다. 인간의 심리가 훨씬 더 많은 것을 아우른다는 것을 고려하면 이러한 초점은 다소 놀랍다. 따라서 진화심리학이 의도치 않았더라도 기존의 고정관념을 강화하는 데 이바지하고 있다는 비난은 완전히 피하기 어렵다.

이 비난에 맞서는 한 가지 대응은 사실과 가치의 구분을 역설하는 것이다. 불충실한 결혼 생활, 다시 말해 '혼외정사'는 인간 여성이 장기적인 배우자의 유전적 자질이 떨어질 때 자손을 위해 유전적 이익을 얻기 위해 사용하는 진화된 전략이라는 일부 진화심리학자의 견해를 생각해보자. 이것이 사실이냐 아니냐는 답하기 쉬운 질문은 아니지만 아마도 과학적 사실에 대한 질문일 것이다. 하지만 사실과 가치는 별개이다. 설사 혼외정사가 진화적 적응이라고 해도, 그 사실이 혼외정사를 도덕적으로 정당화하지는 않는다. 그러므로 연구의 초점은 다소 선택적이지만, 진화심리학과 관련해 이념적으로 의심스러운 것은 아무것도 없다. 모든 과학과 마찬가지로 진화심리학도 우리에게 세계에 관한 사실들을 말해주려 하고 있을 뿐이다. 심란한 사실이지만 우리는 그것들과 함께 사는 법을 배워야 한다.

가치 적재의 가능성을 보여주는 우리의 두번째 사례는 정신의학에서 나온다. 우울증, 조현병, 거식증 같은 정신장애를 다루는 의학 분과 말이다. 정신의학자나 철학자 사이에서는 정신장애(또는 정신질환)의 개념을 어떻게 이해해야 하는가를 두고 지금도 논쟁이 진행중이다. 한 진영은 '의학적 모형'을 채택한다. 이 모형에 따르면 어떤 것이 정신장애냐 아니냐는 충분히 객관적인 문제이다. 어떠한 가치 판단도 연관되지 않는다. 그런 면에서 정신장애와 신체장애는 똑같다는 논변이다. 예컨대 당뇨나 폐기종을 앓으면 몸이 제대로 작동하지 않듯, 우울증이나 조현증을 앓으면 마음이 제대로 작동하지 않는다. 그러므로 의학적 모형에 따르면 정신건강과 정신질환 사이의 경계는 신체건강과 신체질환 사이의 경계와 마찬가지로 객관적이다.

다른 한 견해는 정신장애를 안으로든 겉으로든 가치 판단을 수반하는, 본질적으로 규범적인 범주로 여긴다. 이 견해에 따르면 어떤 것이 정신장애라는 딱지를 달게 되는 조건은 사회의 기대에서 벗어나는 행동, 다시 말해 남들이 '일탈'로 여기는 행동 패턴을 나타내는 것이다. 예컨대 동성애는 서양에서 아주 최근까지도 정신장애로 여겨졌다. 미국 정신의학회도 1973년이 되어서야 DSM(『정신장애 진단 및 통계 편람Diagnostic and Statistical Manual of Mental Disorders』)에서 동성애를 삭제했다. 회원 모두가 동의한 것도 아니었다. 게다가 의료인류학자들은 무엇을 정신장애로 인정하느냐에 사회마다 문화에 따라 상당한 차이가 있음을 기록으로 입증해왔다. 오래전부터 DSM이 다루는 데 애를 먹어온 사안이다. 그러므로 정신장애란 가치가 담긴 규범적 개념이라는 견해는 확실히 그럴듯하다. 이 견해를 옹호하는 이들은 전형적으로 정신장애는 결코 진짜 의학적 범주가 아니라 사회를 통제하는 도구라고 논변한다. 미국의 정신의학자 토머스 사즈(Thomas Szasz)가 1961년에 내놓은 『정신질환의 신화The Myth of Mental Illness』라는 유명한 책에서 급진적인 형태로 이 논변을 펼쳤다.

'의학적 모형'과 정신장애에는 본질적으로 가치가 담겨 있다는 견해 사이의 논쟁은 복잡하다. 한 쟁점은 마음과 뇌의 관계에 관한 것이다. 의학적 모형에 유리한 점은 최소한 일부 정신장애에는 신경적 또는 신경화학적 기초가 있다는 것, 다시 말해 흔히 뇌 회로의 결함으로 발생하는 뇌의 장애임이 알려져 있다는 점이다. 이는 점점 더 주류 정신의학의 견해로 자리잡고 있다. 뇌는 육체의 일부이니 이는 정신장애와 신체장애가 뚜렷이 양분되지 않음을 시사한다. 그러므로 신체장애의 범주에는 가치가 실려 있는 게 아니라 객관적이라는 데 동의한다면, 틀림없이 정신장애도 마찬가지여야 하지 않는가?

강력하긴 하지만 이 논변은 두 가지 이유로 결정적인 것이 아니다. 첫째, 아동기 질환인 자폐나 ADHD 같은 일부 정신장애는 그것이 도대체 하나의 통합된 장애인지 여부에도 합의가 이루어지지 않았다. 이러한 장애들은 여러 증상이 한꺼번에 나타나는 특징이 있고, 그 증상들은 흔히 같이 일어나지만 항상 같이 일어나지는 않는데다가 아이에 따라 상당한 편차가 있다. (그래서 자폐는 '스펙트럼 장애'로 불린다.) 게다가 그 가운데 많은 증상이 자폐 진단의 문턱에 도달하지 않은 '정상' 아동에게서도 얼마간 발견된다. 이는 무엇을 정신장애로 여기느냐에 관례나 임의성의 요소가 있음을 시사하므로, 설령 정신의 작동이 뇌 배선과 뇌 화학에 달려 있음을 인정한다 해도,

정신장애가 반드시 신체장애와 같은 만큼 객관적인 범주가 되는 것은 아니다.

둘째, 신체장애는 객관적 범주가 **맞다**는 데 모두가 동의하는 것은 아니다. 어떤 철학자들은 신체장애이건 정신장애이건 장애나 질환에 대한 모든 이야기는 본질적으로 규범적이어서 가치가 실려 있다고 논변한다. 누군가가 신체장애를 겪고 있다면, 이는 그 사람의 몸 또는 몸의 일부가 고장이 났다—작동해야 마땅한 만큼 작동하지 않고 있다—는 뜻이다. 여기서 '마땅한'이 규범적 차원을 가리킨다는 논변이다. 신체가 어떻게 작동해야 '마땅한'지 누가 결정하는가? 어쨌거나 모든 인간의 생리는 상당한 편차를 보인다. 어떤 사람은 시력이 1.0이고, 어떤 사람은 이보다 약간 낮고, 어떤 사람은 상당히 더 낮다. 선을 그어 이것이 인간의 눈이 작동해야 '마땅한' 방식이라고 말하려는 모든 시도는 틀림없이 가치 판단을 수반하지 않는가? 예컨대 시력이 덜 중요한 사회에서라면 그 선은 다른 어딘가에 그어질 것이다. 그러므로 이 견해에 따르면 정신장애와 신체장애는 둘 다 가치가 담긴 범주이다.

이에 맞서 다른 철학자들은 여기서 말하는 규범성이란 겉보기일 뿐이라는 의견으로 의학적 모형에 힘을 실어주려 했다. 몸 또는 마음이 어떻게 작동해야 '마땅한'지도 생물학적 기능의 개념을 거치면 충분히 객관적인 방식에 근거를 둘 수 있다는 논변이다. 이 제안을 이해하기 위해 인간의 심장을 생각해보자. 심장은 온몸으로 피를 펌프질하는 동시에 규칙적인 박동음을 낸다. 그러나 전자만 심장의 기능이고 후자는 부작용일 뿐이다. 널리 퍼진 어떤 견해에 따르면 이러한 기능과 부작용의 구분은 진화사와 관련된 사실들에 객관적 기초를 둔다. 심장이 자연선택의 지지를 받아서 오늘날 존재하는 이유는 피를 펌프질하기 때문이지 박동음을 내기 때문이 아니다. 그러므로 어떤 사람의 심장이 피를 펌프질하지 않으면 충분히 객관적인 의미에서 그 심장은 고장이 난 것이다. 의사는 '심장병'에 관해 이야기할 때 가치 판단을 하고 있는 게 아니라, 그저 진화된 생물학적 기능의 의미에서 심장이 무엇을 하는 물건인가에 호소하고 있다.

정신장애에 관해서도 비슷한 이야기를 할 수 있다. 뇌와 뇌의 하위 구성 요소에는 생물학적 기능이 있다. 어떤 사람의 뇌가 기능을 제대로 수행하지 않을 때, 이는 정신장애로 이어진다. 그러므로 조현병이나 우울증 같은 증세를 정신장애로 분류할 때도 우리는 가치 판단을 하고 있는 게 아니라, 단순히 이러한 증세를 가진 환자에게서 뇌의 어떤 부분이 진화된 기능을 제대로 수행하지 않고 있다는 사실에 호소하는 것이다. 그러므로 정신장애와 정신건강 사이의 경계는 원론적으로 생물학적 기능의 관념을 통해 충분히 객관적인 방식으로 그릴 수 있다. 의학적 모형을 옹호하는 이들은 이런 식으로 정신장애로 여겨지는 것이 널리 퍼져 있는 사회적 규범의 반영이 아니라 객관적인 생물학적 기초를 가지고 있음을 보여주고자 한다. 그러나 이러한 줄거리의 논변은 논란의 여지가 있다. 사실이 아닐 수도 있는 우리의 진화사에 관한 가정들에 의지하기 때문이다. 이를 비롯한 여러 이유로 이 논변을 모든 정신의학자와 철학자가 받아들이지는 않는다.

마지막으로, 과학의 가치 적재성을 보여주는 (것이라고 추정되는) 우리의 두 가지 사례가 다른 종류라는 데 주목하자. 진화심리학 사례에서 나온 의견은 연구자들이 조사하기로 선택하는 특정 가설들과 거기에 그들이 제시하는 답이 기존의 고정관념을 강화하는 역할을 한다는 것이었다. 이것이 사실이라면 원론적으로 과학의 내용물을 적당히 수정하고, 가능한 모든 편향을 배제하도록 주의하고, 더 엄격한 과학적 기준을 적용함으로써 문제를 개선할 수 있을 것이다. 정신의학 사례에서 나온 의견은 정신장애의 범주 자체에 가치가 담겨 있어서 암암리에 가치 판단을 수반한다는 것이었다. 이것이 사실이라면 개선이 가능하다 해도 그 방법은 그다지 분명하지 않은 문제이다. 정신장애는 정신의학에서 근본을 이루는 관념이기 때문이다. 그러므로 이 사례에는 가치 적재성이 잠재적으로 더 깊이 들어앉아 있다.

결론을 내리자면 과학 사업이 사방에서 비판을 받아야 하는 처지에 놓이는 것은 피할 수 없다. 이는 좋은 일이기도 하다. 과학자가 하는 말과 행동을 아무런 비판 없이 받아들이는 것은 건강하지도 않은 동시에 독단적인 처사일 터이기 때문이다. 과학을 겨냥한 비판들에 관해 철학적으로 숙고한다고 해서 최종 답변이 나오지는 않을 것이다. 하지만 핵심 쟁점들을 분리해 그에 관해 균형 잡힌 이성적 논의가 이뤄지도록 북돋는 데는 철학적 숙고가 도움이 될 수 있다.

독서안내

제1장 과학이란 무엇인가

과학혁명에 대한 훌륭한 논고로 Steven Shapin의 *The Scientific Revolution* (University of Chicago Press, 1998) 〔한영덕 옮김, 『과학혁명』(영림카디널, 2002)〕이 있다. 상세하게 다룬 과학사의 여러 주제는 J. L. Heilbron (ed.), *The Oxford Companion to the History of Modern Science* (Oxford University Press, 2003)에서 찾아볼 수 있다. 좋은 과학철학 입문서는 많이 있다. Alexander Rosenberg의 *The Philosophy of Science* (Routledge, 2011)와 Peter Godfrey-Smith의 *Theory and Reality* (University of Chicago Press, 2003)가 여기에 들어간다. Martin Curd, J. A. Cover, Christopher Pincock (eds.), *Philosophy of Science: The Central Issues* (W. W. Norton, 2012)는 일반 과학철학에 관한 논문들을 편집자들의 해박한 논평과 함께 묶은 뛰어난 논문집이다. 과학을 사이비과학과 구별하려 한 카를 포퍼의 시도는 그의 *Conjectures and Refutations* (Routledge, 1963) 〔이한구 옮김, 『추측과 논박』(민음사, 2001)〕에서 찾아볼 수 있다. 포퍼의 구별 기준에 대한 훌륭한 논고로는 Donald Gillies의 *Philosophy of Science in the 20th Century* (Blackwell, 1993)가 있다. 포퍼의 철학을 잘 소개하는 Stephen Thornton의 'Karl Popper' 항목을 Edward N. Zalta (ed.), *The Stanford Encyclopedia of Philosophy*, 〈http://plato.stanford.edu/archives/sum2014/entries/popper/〉에서

찾아볼 수 있다.

제2장 과학적 추론

귀납과 과학적 추론에 관해 분명하게 논의한 책으로 Wesley Salmon의 *The Foundations of Scientific Inference* (University of Pittsburgh Press, 1967)가 있다. 귀납에 대한 데이비드 흄의 생각은 그의 *Enquiry Concerning Human Understanding*, ed. L. A. Selby-Bigge (Clarendon Press, 1966)의 Book IV, section 4 〔김혜숙 옮김, 『인간의 이해력에 관한 탐구』(지만지, 2012)〕에서 찾아볼 수 있다. Peter Lipton의 *Inference to the Best Explanation* (Routledge, 2004)은 최선의 설명으로의 추론을 상세히 다룬다. 인과적 추론에 관한 문헌은 철학, 통계학, 컴퓨터 과학에 걸쳐 있다. 이 주제에 관한 야심찬 작품으로 Peter Spirtes, Clark Glymour, Richard Scheines의 *Causation, Prediction and Search* (MIT Press, 2001)가 있다. 무작위 대조시험에 관해서는 John Worrall의 'Why there is no cause to randomize', *British Journal for the Philosophy of Science* 58 (2007), 451-88과 Nancy Cartwright의 'What are randomized controlled trials good for?', *Philosophical Studies* 147 (2010), 59-70을 보라. 확률과 귀납을 잘 다룬 책으로는 Ian Hacking의 *An Introduction to Probability and Inductive Logic* (Cambridge University Press, 2001)이 있다. 과학적 추론에 대한 베이즈주의 접근법에 대해서는 Colin Howson과 Peter Urbach의 *Scientific Reasoning: The*

Bayesian Approach (Open Court, 2006)에 상술되어 있다.

제3장 과학에서 설명이란 무엇인가

헴펠이 원래 제시한 포괄 법칙 모형은 그의 *Aspects of Scientific Explanation* (Free Press, 1965) 〔전영삼 · 최원배 · 이영의 · 여영서 옮김, 『과학적 설명의 여러 측면』(나남출판, 2011)〕에 실려 있다. Wesley Salmon의 *Four Decades of Scientific Explanation* (University of Minnesota Press, 1989)은 헴펠의 작업에서 조사된 논쟁에 대한 매우 유용한 해석이다. 과학적 설명을 최근에 상세하게 다루고 광범위한 참고문헌 목록을 덧붙인 James Woodward의 'Scientific explanation' 항목이 Edward N. Zalta (ed.), *The Stanford Encyclopedia of Philosophy* (Winter 2014 edition), 〈http://plato.stanford.edu/archives/win2014/entries/scientific-explanation/〉에 들어 있다. 의식은 결코 과학적으로 설명될 수 없다는 의견은 Colin McGinn의 *Problems of Consciousness* (Blackwell, 1991)에서 찾아볼 수 있다. 복수 실현이 상위 과학의 자율성을 설명한다는 발상은 제리 포더의 'Special Sciences', *Synthese* 28(1974), pp. 97-115에서 전개된다. 환원주의에 대한 그 밖의 논의는 M. Curd, J. Cover, C. Pincock (eds.), *Philosophy of Science* (W. W. Norton, 2012)의 section 8에서 찾아볼 수 있다.

과학적 실재론을 상세히 분석하고 광범위한 참고문헌 목록을 덧붙인 Anjan Chakravartty의 'Scientific realism' 항목이 Edward N. Zalta (ed.), *The Stanford Encyclopedia of Philosophy* (Spring 2014 edition), 〈http://plato.stanford.edu/archives/spr2014/entries/scientific-realism/〉에 들어 있다. 바스 반 프라센이 큰 영향을 끼친 반실재론 변론은 *The Scientific Image* (Oxford University Press, 1980)에 들어 있다. 반 프라센의 저작에 대한 비판적 논의는 C. Hooker, P. Churchland (eds.)의 *Images of Science* (University of Chicago Press, 1985)에서 찾아볼 수 있다. 책 한 권 분량으로 나온 과학적 실재론의 변론으로 Stathis Psillos의 *Scientific Realism: How Science Tracks Truth* (Routledge, 1999)가 있다. '기적 불가' 논증은 원래 Hilary Putnam이 전개했다. 그의 *Mathematics, Matter and Method* (Cambridge University Press, 1975), pp. 69ff를 보라. Greg Frost-Arnold가 최근에 내린 분석이 'The no-miracles argument for realism: inference to an unacceptable explanation', *Philosophy of Science* 77 (2010), 35-58이다. 과소결정에 대한 유용한 논의인 Kyle Stanford의 'Underdetermination of scientific theory'가 Edward N. Zalta (ed.), *The Stanford Encyclopedia of Philosophy* (Winter 2013 edition), 〈http://plato.stanford.edu/archives/win2013/entries/scientific-underdetermination/〉에 들어 있다.

제5장 과학의 변화와 과학혁명

최초의 논리경험주의자들의 중요한 논문들은 H. Feigl, M. Brodbeck (eds.)의 *Readings in the Philosophy of Science* (Appleton-Century-Crofts, 1953)에서 찾아볼 수 있다. 이 운동에 대한 비판적 관점은 Alan Richardson과 Thomas E. Uebel (eds.)의 *The Cambridge Companion to Logical Empiricism* (Cambridge University Press, 2007)에서 찾아볼 수 있다. 토머스 쿤의 가장 중요한 저작은 *The Structure of Scientific Revolutions* (University of Chicago Press, 1963) 〔김명자·홍성욱 옮김, 『과학혁명의 구조』(까치, 2013)〕이다. 1970년 이후의 모든 판본에는 쿤의 후기가 담겨 있다. 쿤이 나중에 한 생각들은 두 권 다 University of Chicago Press에서 출간된 그의 책 *The Essential Tension* (1977)과 *The Road Since Structure* (2000)에서 찾아볼 수 있다. 책 한 권의 길이로 쿤의 철학을 잘 다룬 자료로 Alexander Bird의 *Thomas Kuhn* (Acumen, 2000)이 있다. 쿤의 사상과 유산에 대한 여러 생각을 Paul Horwich (ed.)의 *World Changes* (MIT Press, 1993)와 Thomas Nickles (ed.)의 *Thomas Kuhn* (Cambridge University Press, 2002)에서 찾아볼 수 있다. 쿤의 업적을 유용하게 개관하고 광범위한 참고문헌 목록을 덧붙인 Alexander Bird의 'Thomas Kuhn' 항목이 Edward N. Zalta (ed.), *The Stanford Encyclopedia of Philosophy* (Fall 2013 edition), 〈http://plato.stanford.edu/archives/fall2013/entries/thomas-kuhn/〉에 들어 있다.

라이프니츠와 뉴턴의 원래 논쟁은 라이프니츠가 발표한 다섯 편의 논문과 뉴턴의 대변인 Samuel Clarke가 발표한 다섯 편의 답변으로 이루어져 있다. 이 글들은 H. G. Alexander (ed.)의 *The Leibniz-Clarke Correspondence* (Manchester University Press, 1998)에 재인쇄되어 있다. 절대/상대주의 논쟁에 대해 잘 논의한 Nick Huggett와 Carl Hoefer의 'Absolute and relational theories of space and motion'이 Edward N. Zalta (ed.), *The Stanford Encyclopedia of Philosophy* (Spring 2015 edition), 〈http://plato.stanford.edu/archives/spr2015/entries/spacetime-theories/〉에 들어 있다. 종 문제에 대한 고전적 논의가 John Maynard Smith의 *The Theory of Evolution* (Cambridge University Press, 1993), chapter 13이다. 종에 관한 철학적 작업을 유용하게 개관한 Marc Ereshefsky의 'Species' 항목이 Edward N. Zalta (ed.), *The Stanford Encyclopedia of Philosophy* (Spring 2010 edition), 〈http://plato.stanford.edu/archives/spr2010/entries/species/〉에 들어 있다. 종 문제를 역사적으로 다룬 자료는 John Wilkins의 *The History of the Idea* (University of California Press, 2009)가 제공한다. 제리 포더가 모듈성을 처음 다룬 것은 *The Modularity of Mind* (MIT Press, 1983)에서였다. 정신적 모듈성의 정도에 대해 Jesse Prinz와 Richard Samuels가 Rob Stainton (ed.)의 *Contemporary Debates in Cognitive Science* (Blackwell, 2006), 22-56에 기고한 글에서 논쟁을 벌인다. 모듈성 쟁점

을 유용하게 개관한 Philip Robbins의 'Modularity of mind' 항목이 Edward N. Zalta (ed.), *The Stanford Encyclopedia of Philosophy* (Summer 2015 edition), 〈http://plato.stanford.edu/archives/sum2015/entries/modularity-mind/〉에 들어 있다.

제7장 과학과 과학의 비판자들

책 한 권 길이로 과학만능주의를 연구한 자료로 Tom Sorell의 *Scientism* (Routledge, 1991)이 있고, 유용한 최근 자료집으로는 Daniel Robinson과 Richard Williams (eds.)의 *Scientism: The New Orthodoxy* (Bloomsbury, 2014)가 있다. Alex Rosenberg가 *The Atheist's Guide to Reality* (W. W. Norton, 2012)에서 모든 진짜 질문에 과학이 답할 수 있다는 견해에 대한 변론을 제공한다. 자연과학의 방법들을 사회과학에 적용할 수 있느냐 없느냐는 Martin Hollis의 *The Philosophy of Social Science* (Cambridge University Press, 1994)에 논의되어 있다. 다윈주의와 '지적 설계'의 충돌을 잘 다룬 자료는 Sahotra Sarkar의 *Doubting Darwin* (Blackwell, 2007)과 Niall Shanks의 *God, the Devil and Darwin* (Oxford University Press, 2004)에서 찾아볼 수 있다. 과학에서의 가치 적재성에 대해 포괄적으로 논의하고 광범위한 참고문헌 목록을 덧붙인 Julian Reiss와 Jan Sprenger의 'Scientific objectivity' 항목을 Edward N. Zalta (ed.), *The Stanford Encyclopedia of Philosophy* (Fall 2014 edition), 〈http://plato.stanford.edu/archives/

fall2014/entries/scientific-objectivity/〉에서 찾아볼 수 있다. 이 주제에 관한 좋은 책으로 Helen Longino의 *Science as Social Knowledge* (Princeton University Press, 1990)가 있다. 최초의 사회생물학 논쟁을 Philip Kitcher가 *Vaulting Ambition: Sociobiology and the Quest for Human Nature* (MIT Press, 1985)에서 분석한다. 진화심리학 프로그램이 개시된 것은 Jerome Barkow, Leda Cosmides, John Tooby (eds.)의 *The Adapted Mind* (Oxford University Press, 1995)에서였다. David Buller가 *Adapting Minds* (MIT Press, 2005)에서 자세한 비평을 제공한다. 유용한 개관인 Stephen Downes의 'Evolutionary psychology' 항목이 Edward N. Zalta (ed.), *The Stanford Encyclopedia of Philosophy* (Summer 2014 edition), 〈http://plato.stanford.edu/archives/sum2014/entries/evolutionary-psychology/〉에 들어 있다. 정신장애의 개념에 대한 훌륭한 논의는 Rachel Cooper의 *Psychiatry and Philosophy of Science* (Routledge, 2007), 그리고 Edward N. Zalta (ed.), *The Stanford Encyclopedia of Philosophy* (Spring 2010 edition), 〈http://plato.stanford.edu/archives/spr2010/entries/mental-illness/〉에 들어 있는 Christian Perring의 'Mental illness' 항목에서 찾아볼 수 있다.

역자 후기

분단국가에 사는 우리는 믿음의 정도가 극값에 수렴한 결과로 '생식적 격리'가 일어날 수도 있음을 안다. 이러다 남남과 북녀는 생물학적으로 다른 종이 될지도 모른다. 남녀의 종은 다시 문과 출신과 이과 출신이라는 하위 종으로 세분된다. 사회에서 관계를 유지하려면 종교와 정치 이야기를 피하라지만, 이제는 과학도 편을 가를 권력을 쥔 만큼 광신도 무지도 경계해야 한다. 과학이 앎으로 가는 유일한 길이라는 한편과, 과학적 방법으로 답할 수 없는 질문이 있다는 반대편의 피 튀는 논쟁은 사실 고정 불변의 과학적 방법이 있다는 '거짓 상정'에 달려 있다는 제7장의 일깨움은 제삼자인 과학철학이 왜 필요한가를 잘 보여준다.

동시대의 과학철학자 장하석 교수가 (그가 처음은 아니겠으나) 'truth'를 '진리'로 옮기는 관행에 문제를 제기한 줄 안 뒤로 'truth'만 보면 뱀이라도 본 듯 얼어붙게 되었지만, (유일무이한 진리? '그런 거 찾지 말자'는 그의 다원주의에는 전적으로 동의함에도) 옮긴이로서는 결국 때에 따라 진리, 진실, 진상, 사실, 참을 죄다 동원하고 말았다. 그 정당화의 맥락을 과학적으로 설명한답시고 '옴진리진실진상사실참교(教)' 같은 걸 만들지는 않겠다. 대신에 옮긴이의 직관이 사회적 합의에 어긋난다는 정보가 입수되면 베이즈주의에 입각해 P값을 갱신할 용의가 있다.

이 책 자체가 초판의 번역을 다 끝낸 뒤 전면개정판이 나오는 바람에 상당 부분을 뜯어고쳐야 했다. 푸념하자는 게 아니라, 우리 시대에 과학이 얼마나 뜨거운지 돌아보자는 것이다. 관찰 불가능한 전자파에 실려 끊임없이 몰아닥치는 0과 1의 홍수 속에서 어떤 물결을 타면 역사를 거스르지 않겠는지 쿤에게 묻고 싶다. 내가 아바타인지 아바타가 나인지 모르는 채 손끝으로 대화하고 전화벨의 환청에 시달리는 우리가 명석판명하게 생각이란 걸 하는지, 그래서 존재하기는 하는지 데카르트에게 묻고 싶다. 약장수들이 돈줄과 목숨줄을 쥐고 있는 21세기에 다시 태어나도 과학에 희망을 걸겠는지 포퍼에게 묻고 싶다. 같은 값이면 오늘, 제정신일 때 같이 묻자. 내일 당신은 DSM을 뒤지며 약을 파느라 바쁠지도 모른다. 옮긴이는 내일 언어 모듈이 망가져서 일자리를 잃을지도 모르지만, 답은 몰라도 최소한 그런 걸 물어본 적이 있는 사람에게서 약을 사고 싶다. 게다가 내일은 내일의 해가 뜬다고 질문을 미루면, 흄은 내일도 변함없이 미간을 찌푸리고 실눈을 뜰 테니.

독서안내

『과학이란 무엇인가』, 앨런 차머스 지음, 신중섭 · 이상원 옮김, 서광사

『현대과학철학 논쟁』, 칼 포퍼 · 토머스 새뮤얼 쿤 · 임레 라카토슈 지음, 김동식 · 조승옥 옮김, 아르케

『장하석의 과학, 철학을 만나다』, 장하석 지음, 지식플러스

『과학으로 생각한다』, 홍성욱 · 장대익 · 이상욱 · 이중원 지음, 동아시아

『틀리지 않는 법: 수학적 사고의 힘』, 조던 엘렌버그 지음, 김명남 옮김, 열린책들

『신은 주사위 놀이를 하지 않는다』, 데이비드 핸드 지음, 전대호 옮김, 더퀘스트

『불멸의 이론』, 샤론 버치 맥그레인 지음, 이경식 옮김, 휴먼사이언스

『베이즈주의』, 이영의 지음, 한국문화사

『과학적 설명의 여러 측면』, 칼 구스타프 헴펠 지음, 전영삼 · 최원배 · 이영의 · 여영서 옮김, 나남출판

『과학적 연구 프로그램의 방법론』, 임레 라카토슈 지음, 신중섭 옮김, 아카넷
『이름과 필연』, 솔 크립키 지음, 정대현 · 김영주 옮김, 필로소픽
『표상하기와 개입하기』, 이언 해킹 지음, 이상원 옮김, 한울
『지적 사기』, 앨런 소칼 · 장 브리크몽 지음, 이희재 옮김, 한국경제신문
『쿤 & 포퍼: 과학에는 뭔가 특별한 것이 있다』, 장대익 지음, 김영사
『쿤의 과학혁명의 구조』, 박영대 · 정철현 지음, 최재정 · 황기홍 그림, 작은길
『공간에 대한 철학적 이해』, 이현재 · 이중원 · 강동수 · 이상봉 · 임진아 지음, 라움
『종의 기원』, 찰스 다윈 지음, 송철용 옮김, 동서문화사
『마음은 그렇게 작동하지 않는다』, 제리 포더 지음, 김한영 옮김, 알마
『진화심리학』, 데이비드 버스 지음, 이충호 옮김, 웅진지식하우스
『사회생물학 대논쟁』, 김동광 · 김세균 · 김환석 · 이병훈 · 최재천 · 장대익 · 전중환 · 이정덕 지음, 이음
『광기의 역사』, 미셸 푸코 지음, 이규현 옮김, 나남출판
『정신의학의 역사』, 에드워드 쇼터 지음, 최보문 옮김, 바다출판사
『현대과학의 풍경』, 피터 J. 보울러 · 이완 리스 모러스 지음, 김봉국 · 홍성욱 · 서민우 옮김, 궁리
『과학의 미해결문제들』, 다케우치 가오루 · 마루야마 아쓰시 지음, 홍성민 옮김, 반니

도판 목록

과학철학

PHILOSOPHY OF SCIENCE

1판 1쇄 발행 2017년 1월 20일
1판 4쇄 발행 2022년 10월 21일

지은이 사미르 오카샤
옮긴이 김미선

편집 최연희 이정규 김윤하
디자인 강혜림
저작권 박지영 형소진 이영은 김하림
마케팅 김선진 배희주
제작 강신은 김동욱 임현식
제작처 한영문화사(인쇄) 한영제책사(제본)
펴낸곳 (주)교유당
펴낸이 신정민

출판등록 2019년 5월 24일
제406-2019-000052호
주소 10881 경기도 파주시 회동길 210
전자우편 gyoyudang@munhak.com
문의전화 031.955.8891(마케팅)
031.955.2680(편집)
031.955.8855(팩스)

페이스북 @gyoyubooks
트위터 @gyoyu_books
인스타그램 @gyoyu_books

ISBN 978-89-546-4415-0 03400